草木尽欲言

南宁市第三中学 编

广西人民出版社

图书在版编目（CIP）数据

草木尽欲言 / 南宁市第三中学编 . — 南宁：广西人民出版社，2023.11（2024.7 重印）
（百年名校正青春）
ISBN 978-7-219-11613-5

Ⅰ. ①草… Ⅱ. ①南… Ⅲ. ①校园—植物—介绍—南宁 Ⅳ. ① Q948.526.71

中国国家版本馆 CIP 数据核字（2023）第 154745 号

CAOMU JIN YU YAN

草木尽欲言

南宁市第三中学 编

策　　划　赵彦红　　　　　　　责任校对　梁小琪
执行策划　林晓明　陈晓蕾　　　美术编辑　牛广华
责任编辑　钟建珊　　　　　　　版式设计　翁襄媛

出版发行　广西人民出版社
社　　址　广西南宁市桂春路 6 号
邮　　编　530021
印　　刷　广西昭泰子隆彩印有限责任公司
开　　本　889 mm × 1194 mm　1 / 32
印　　张　10.5
字　　数　200 千字
版　　次　2023 年 11 月　第 1 版
印　　次　2024 年 7 月　第 2 次印刷
书　　号　ISBN 978-7-219-11613-5
定　　价　43.00 元

“百年名校正青春”丛书编委会

（按姓氏笔画排序）

《草木尽欲言》编委会

总 序

欲厦之高，必牢其基；欲流之远，必浚其源。自 1897 年维新人士余镜清创办的南宁乌龙寺讲堂算起，南宁市第三中学（简称南宁三中）历经了一百二十五年的洗礼与积淀，以其深厚的文化底蕴和卓越的办学特色，成为莘莘学子向往的求知殿堂，成为闪耀八桂大地的一个明星教育品牌。逢南宁三中一百二十五周年校庆之际，为了凝练延续名校基因，我们特别推出了“百年名校正青春”丛书，旨在回顾百年辉煌、展示教育求索、激励基因传承，这是南宁三中办学历程中一项具有里程碑意义的创举！

“百年名校正青春”丛书共计十册，是一次对学校发展蜕变的全景式展现，是一次对中学教育教学探索的全貌式分享，是一场弥足珍贵的文化盛宴。每一册书都浸染着南宁三中深厚的文化底色，以“真·爱”教育思想为引领，厚植“家的支柱，国之栋梁”的育人理念，秉持“以学术究真，以温暖施爱”的精神，从不同维度讲述南宁三中故事，展现新时代教育背景下蓬勃向上、生机盎然的南宁三中风貌。

在丛书里，《道从何处来》仿佛是一本扉页镶嵌着时间之石的珍宝簿，为我们展开了南宁三中砥砺百年的历史画卷。它以六个篇章为笔墨，深情而准确地勾勒出这所百年名校的成长脉络。通过那些极具代表性的图片和经典事件的点缀，让我们仿佛置身于隽永的岁月长河之中，得以亲近属于南宁三中的教育理想和抱负，明了永恒的教育精神和卓越的教学成就。

《学科浪漫故事》有如一泓清泉，洋溢着南宁三中这所百年名校的教育芬芳。纵览四方的辉煌，体味十三门学科的精彩教学故事和教师们的辛苦与创新，名师们的风采和学生们的真情得以淋漓尽致呈现。在南湖之畔的南宁三中讲台，奏出一曲曲优美乐章，无一不让人流连沉醉。

《草木尽欲言》仿佛是一簇鲜花，伴着南国和畅清风，为我们拂来南宁三中校园里草木的芬芳。每一株植物都有其婀娜姿态，仿佛向我们低声述说着校园的故事。从植物的简介到手绘插画，再到古诗词品读和师生情谊，我们如同漫游在文化花园中，领略南宁三中师生间深厚的情谊和百年名校的韵味。

《学研相济　聚木成林》犹如一片浩渺星空，闪耀着南宁三中科研成果的光辉。基于南宁三中在深化改革和创新发展方面的探索，将历年的杰出科研成果进行了编录，展示学校在教科研领域的深厚功底，为全市乃至全区深入推进教育教学改革、提高学校教学质量提供新启示、新方法。

《美好不止于初见》宛如一座丰碑，细述着南宁三中青山校区、五象校区、初中部青秀校区和初中部五象校区的风采。翻开书页，我们仿佛走进了被红色文化长久滋润的百年名校，移步换景间，得以尽览各校区的师资力量、历史人文、建筑特色、校园环境、生态资源，领略新时代背景下的南宁三中风采。

《四季　三中》如同一壶芬芳的清茶，于平淡之间，我们可以品味出南宁三中后勤服务工作者不凡的辛勤劳动。每一道美食、每一处胜景、每一桩小事都串联起南宁三中对学子们的关爱与体贴，诠释着学校“全境温馨、全员温暖、全校温情”的人文精神。

《爱要大声说出来》灿若一颗流星，闪烁着南宁三中学子思想和道德品质的光芒。书中收录了南宁三中学子在国旗下发表的精彩讲话，涵盖了爱国主义教育、党史学习教育、党团活动宣传、思想政治教育、法治教育和感恩教育等多个方面，用文字的力量让思想的匠心荡涤在心灵的河流，展示南宁三中在“真·爱”教育的引领下，全过程、全方位育人，为党育人、为国育才的成果。

《给母校的情书》好比一曲饱含着墨香韵味的恋歌，收录了南宁三中师生和优秀校友们的回忆文章。师者说，学子吟，从教师们的珍贵回忆，到学子们在求学时期难忘的点滴与毕业后对母校无尽的眷恋。通过一封封充满深情的书信，我们感悟到南宁三中在百年时光中为学子们的成长付出的真挚关怀，让人们见识了这座百年名校多彩且立体的人文风采。

《光阴的故事》好似一幅细腻的水墨画，从多门学科的角度解读二十四节气，揭示其中蕴含的学科知识和中国故事。将中华优秀传统文化带入课堂，将创新教育的理念融入学校，让我们得以领略南宁三中教育的真谛和不断探索创新的精神。

《无界学习》宛然一座学识宝库，收录了南宁三中教师们关于无界学习的论文成果。新时代，知识无界、学习无界，要想在新征程中、新挑战下依然抬头挺胸、昂首阔步，就必须深入研究如何实现学生在学习过程中的全面发展。从纯粹的记忆到对知识的理解、反思、运用、迁移，再到品德、智慧、体魄、艺术和劳动的并举，这本书呈现了南宁三中教育工作者对青少年身心发展规律的深入探索，可为教育工作者提供宝贵经验。

本丛书的撰写与编纂，汇集了南宁三中教师、学生和校友的智慧与经验，他们倾注激情，用心良苦，将自己的思想和经历以生动的笔触呈现给读者。这些书籍既承载了南宁三中百年来的教育理念和办学精神，也彰显了南宁三中学子积极向上、积极进取的精神风貌。

撰书之初，南宁三中初中部江南校区仍处于初期筹备中；成书之时，初中部江南校区也方于2023年9月投入使用，所以未能在本丛书中有所收列。但自筹备之日起，南宁三中这所百年名校的精神和血脉便早已一以贯之，作为一个站在新起点的校区，已然立志于心、成竹于胸，开门即名校，不日将会打造出一张“创新江南”

的崭新名片！

在这个飞速发展的新时代，南宁三中将以“百年名校正青春”丛书的出版为契机，拥抱时代，积极进取，勇于创新，主动求变，始终坚持以“为党育人　为国育才”为根本目标，践行“真·爱”教育思想，以培养“家的支柱，国之栋梁”为育人愿景，深入推进“教研强校　温暖育人”发展战略，让南宁三中在新时代继续引领教育潮流，培养更多有“真·爱”精神的学生，为社会培养更多有责任感、有担当的栋梁之才。

南宁三中，百年名校正青春！让我们共同见证这个伟大的历程，体悟南宁三中的精神风貌，感受岁月留存的智慧印记，为南宁三中的百年辉煌点赞。希望这些书籍的问世，能够启迪更多志同道合之人，引领他们走向未来，书写属于自己的辉煌篇章！

编　者

2023 年 10 月

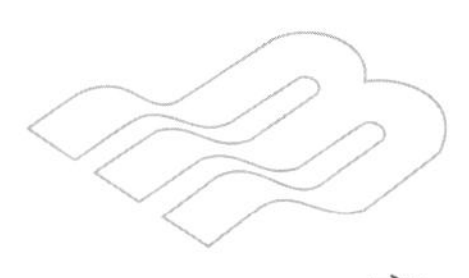

序言

华夏悠悠五千多年历史，孕育了源远流长的中华文化。在灿烂的中华文化中，植物凭借着钟灵毓秀的大地山川、积淀深厚的历史文化显示出了中华民族的“灵气”。在我国最早的诗集《诗经》中就提到了大量的植物，如“采采芣苢，薄言采之”“六月食郁及薁，七月亨葵及菽”，围绕各种植物描写先民生活，反映了先民们对自然的依恋和热爱。同时《诗经》中还有大量以植物作为比兴的诗歌，如“蒹葭苍苍，白露为霜”“采采卷耳，不盈顷筐”，或寄相思，或抒性情，借助植物寄托了中华民族鲜明的感情，表达了对生命的赞美和对美的追求。

在南宁三中生长的植物，有广泛分布于世界的广布种，亦有我国各个地区狭域性分布的

特有种。宽阔的校园为植物的生长提供了充分的空间，温暖湿润的亚热带季风为植物的生长提供了良好的气候条件，形成了学校丰富多彩的植物资源。据统计，自建校以来，南宁三中共有维管植物147科800种，校园绿化率和绿化覆盖率分别达到53.33%和65.63%，已经形成了以点、线、面相结合，绿化、美化为主的校园景观绿地系统。高大而挺拔的乔木、孤植或丛生的灌木、绵延且蜿蜒的藤本植物、低矮且柔软的草本植物……每一种植物，都见证着南宁三中的发展，每一位师生都是植物的栽培者、学校的建设者。

“阳明过化，郁郁葱葱”，南宁三中校园是文化的土壤、思想的园地，如林如茵，郁郁葱葱。“譬如新篁，菁茂匪穷”，三中学子如新生之竹，节节攀升，自强不息，清华其外，淡泊其中，培养高洁清雅的文化素养，向慕君子之心切切。

一百二十五载春华秋实，人才济济；一百二十五载薪火相传，生生不息。

2022年，是南宁三中建校一百二十五周年，韶光流转，盛事如约。琪花瑶草，绿树繁阴，四时佳兴，宜与人同。草木承载了我们专属三中的记忆，对三中草木的钟情，正是我们对三中的依恋！这本书叙说着三中师生与校园植物的故事，细数着弥足珍贵的点滴光阴。

校园植物是一道集知识、生态、审美、怡情于一体的亮丽风景线。植物的美，一方面具有美的形态，三月梢头盈绿、花团锦簇，六月绿树成荫、浓彩覆地，十月果实累累、色香俱全，各有不同的风姿妙趣；另一方面表现出美的动态感，松涛竹韵、花开花谢、虫鸣鸟唱，充满生机活力。

校园里每株树木所展现的美都不相同，每种花草都各有特色。樟树、榕树、苏铁，绿意盎然，长盛不衰，见证一代代三中人的故事，每一寸时光都在沉淀记忆；黄花风铃木、菩提树，三中师生亲手种下，又用思想去触摸、用心灵去感受，默默将深情融入其中。随着时令的变化，各色鲜花或绽放叶底，或轻笑枝头。木棉花浓如胭脂烈如火，桂花花开万点俏比黄，陇瑞金花茶花肥映日黄……是它们将校园的一年四季都装扮得多姿多彩。

校园植物精彩纷呈，蕴意无限。“鸡蛋花开夏日芬，黄心白瓣叶葱茏。”伴随着南国气温渐升，鸡蛋花开，学子们席地而坐，书覆膝盖，书声琅琅，向我们展示一方和谐的天地。“樛枝平地虬龙走，高干半空风雨寒。春来片片流红叶，谁与题诗放下滩。”这正如三中校训“敦品力学”，扎实根基，砥砺品质，不惧风雨，勇攀高峰。“墙角的花，你孤芳自赏时，天地便小了。”它告诫我们，在发展自己的同时，要学会与别人交往，学会理解别人、关心别人，拥有开阔的胸怀。

校园植物就这样浸润生活，净化心灵，陶冶情操。愿我们不断去发现、去开发，把校园植物的自然之美、文化之美、精神之美，化为学校灵动的眼，扑闪着青春的气息，彰显教育的气质；让校园植物与育人硕果成就百廿年三中的繁茂蓬勃，生生不息。

南宁三中语文教师　刘芳

2023年10月

目录
Contents

上辑

十年树木　百年树人

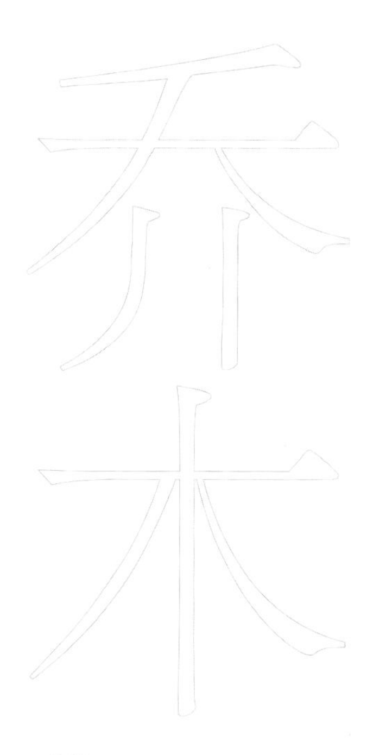

龙眼 —— 002

荔枝 —— 010

大花紫薇 —— 018

凤凰木 —— 028

白兰 —— 036

竹柏 —— 046

台湾相思 —— 054

中国无忧花 —— 062

杧果——072
樟——082
菩提树——092
糖胶树——100

木樨——108
鸡蛋花——116
枇杷——124

下辑

蔓蔓日茂 芝成灵华

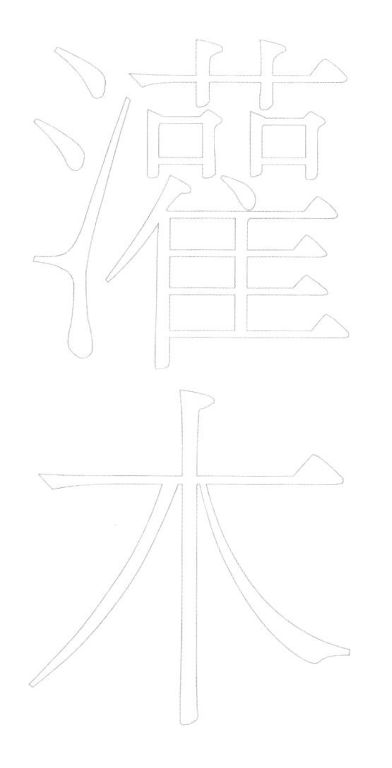

龙血树 — 134

假连翘 — 142

剑麻 — 152

茶梅 — 160

火殃簕 — 168

篦齿苏铁 — 178

毛叶杜鹃 — 186

软枝黄蝉 — 196

石榴 —— 204

金花茶 —— 214

苏铁 —— 222

狭叶木樨榄 —— 230

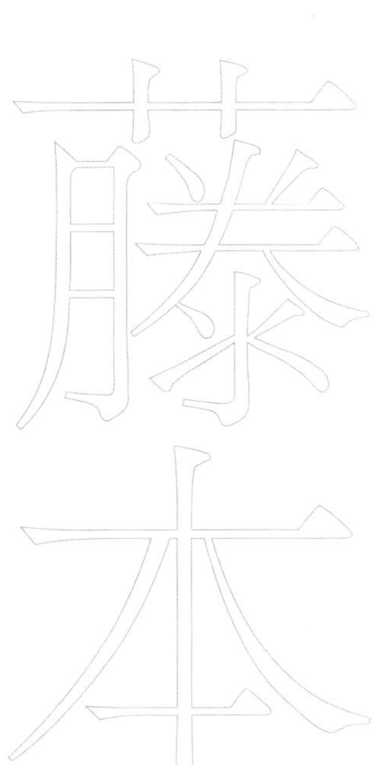

紫藤 —— 240

凌霄 —— 250

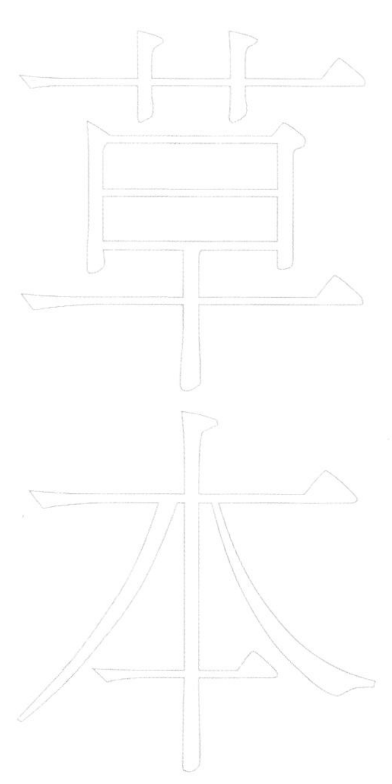

草本

旅人蕉 —— 260

白鹤芋 —— 270

酢浆草 —— 280

黄金间碧竹 —— 288

芭蕉 —— 296

美冠兰 —— 306

上辑

十年树木　百年树人

乔木

龙眼

龙眼／学名：*Dimocarpus longan*

又称桂圆，无患子科龙眼属。常绿乔木，高通常10余米；小枝粗壮，被微柔毛，散生苍白色皮孔。果近球形，通常为黄褐色，有时也有灰黄色，外面稍粗糙，或少有微凸的小瘤体；种子茶褐色，光亮，全部被肉质的假种皮包裹。

龙眼原产于我国南部及西南部地区，主要分布于福建、台湾、广东、广西、海南、云南、贵州、四川等省（区）。龙眼果实营养丰富，除鲜食外，还可制成罐头、酒、膏、酱等，亦可加工成桂圆干等。龙眼的叶、花、根、核均可入药。龙眼树木材坚实，甚重，暗红褐色，耐水湿，是造船、制作家具等的优良材料。其花期春夏间，果期夏季，每年七八月间果实挂满树枝。三中校园内，龙眼树分布在青山校区的主干道旁和休闲广场周边，以及五象校区的主干道旁。

·撰写／周扬林

龙眼

〔宋〕刘子翚

幽株旁挺绿婆娑，

啄咂虽微奈美何。

香剖蜜脾知韵胜，

价轻鱼目为生多。

左思赋咏名初出，

玉局揄扬论岂颇。

地极海南秋更暑，

登盘犹足洗沈疴。

在三中青山校区的主干道旁和休闲广场周边，以及五象校区的主干道旁，常常可以看到龙眼树的身影。它高大挺拔，树枝上覆盖着四季常绿的叶子。一片片狭长的叶子在阳光的照耀下，绿得发亮。阳光透过树叶的缝隙，投下一片星星点点的光亮。

每年的七八月间，龙眼果实挂满枝头，把树枝压弯了腰，沉甸甸的。龙眼果实圆润，果肉为乳白色。正如诗中所说的“香剖蜜脾知韵胜”，龙眼果肉吃起来汁水丰富，一丝丝的清香在口中弥漫，清甜的汁水滋润着口腔，却不显得甜腻。龙眼果实不仅清甜可口，而且营养特别丰富。龙眼又称作桂圆，不仅有着富贵圆满、幸福团圆的寓意，还象征着飞黄腾达。

高大挺拔的龙眼树在校园中生长，为三中学子消解夏天的燥热，带来阵阵清凉。

· 撰写 / 曹浩格　绘画指导 / 吴双陶

那龙眼树依旧青绿

白云悠悠，天空格外的蓝。树木荫蔽，一缕缕熹微的晨光透过那茂密的龙眼树，穿过蒙蒙薄雾，落在宽阔的校道上，洒下一地斑驳。每当微风拂过，龙眼树的叶子轻轻摇动，为同学们奏响优美的乐曲。龙眼树叶绿得发亮，在清晨的阳光下带来新的希望。

在清晨六点半你总能看到旭日的光芒，穿过宿舍的楼道。龙眼树的枝丫疯长，你瞧，那翠绿的叶落在宽阔的校道上。龙眼树在风中挺立着，树枝延伸生长，指向知识的方向。

在充满喧闹声的校道上快步走着，可以看到操场上三中学子整齐划一地做早操。阳光照射在每个人的脸庞上，让人感受到青春的力量。耀眼的阳光驱散微凉的雾气，学生们带着自己的希冀和目标，向着终点奔跑。龙眼树依旧是那么的青绿，象征着热忱和勇气，影响着一代代三中人。青春的气息氤氲在人们的喧闹中，滋养着三中的人、物、景。

龙眼树青绿，墨绿的叶如同翡翠，翠绿的叶如同宝石。站在龙眼树下，依稀记得中考时定下的目标：三中是我家，我要考回家。那愿望是如此美好，如此强烈，犹如龙眼树的树梢那新长出的一抹绿，那抹新鲜的、清新的绿，照亮了我的未来，让我眺望远方。

龙眼树青绿，它静静地看着校园里发生的一切。课间的操场满是老师和学生，被操场圈住的那一片天空，时而有飞机闪过，时而有白云流走。校园弥漫着欢声笑语，龙眼树也乐在其中，时不时落下几片叶子，给过往的行人送上那青绿的信笺。中午的阳光格外温暖，懒洋洋地洒在桌子上，交错的光影投在堆叠的纸上。我们奋笔疾书，沐浴在阳光下。放学吃饭的路上总会有落日闪耀着光芒，同学们奔跑的脚步踩在龙眼树的落叶上，发出沙沙的声响。每个人都迈开大步，想赶上一个“人烟稀少”的食堂。傍晚的微风轻拂在每个人的脸上，树影婆娑，校园的小道充满浪漫。月光照亮前行的路，那漆黑的夜里，星星点燃每个人心里的梦。

龙眼树青绿，透过树梢远望，忆起初入三中军训时的光阴。阳光是那么的火辣，天气闷热得令人喘不过气来。一到休息的时间，我们总是飞奔到那棵龙眼树下，它是那样的高大挺拔。火热的阳光在它的遮蔽下，只能透出丝丝的光亮。树影斑驳，留下一地的痕迹。树干上，时不时可以看到跳跃嬉戏的松鼠，它们是那样的活泼可爱。我们在树底下坐着，知了在树上唱着。太阳在我们的皮肤上留下的炽热滚烫，却在一阵阵清凉的风拂过时消失得无影无踪。

那便是龙眼树种植在校道上的意义吧，它用自己青绿的叶，遮蔽阳光，为过路人驱散夏天的燥热，带来清爽。每当我在清晨望着天空泛起的鱼肚白，总能面带笑容面对充满未知的未来。我想起那句话：“前路坦荡无畏惧，少年乘风正当时。”

龙眼树青绿，它是那样的高大挺拔，一直挺立在三中的校道两边，就好似三中人坚持不懈的品格。顺着校道往前走，映入眼帘的就是那宽阔的足球场。往跑道上望去，可以看到，参加校运会的运动员们正在热火朝天地练习自己选择的比赛项目。虽然已入深秋，可太阳依旧是那么的毒辣。他们三三两两结伴，迈着坚定的步伐向前。经过他们的身旁时可以清楚地看到刺眼的阳光让他们流下晶莹的汗珠。一圈、两圈、三圈……我的目光追随着他们。远远地，我望到他们泛红的脸颊、疲倦的步伐，可是他们还在坚持着奔跑。日复一日，阳光依旧耀眼，龙眼树依旧青绿，而他们正坚持着，为班级的荣光努力。

龙眼树青绿，它一直向阳，挺拔生长，就好似三中人乐观积极、努力向上的生活态度。龙眼树静默着，聆听着校歌。“维我校友，星聚南邕。阳明过化，郁郁葱葱。”早起的学生们踏着歌声纷纷下楼，每个人的脸上都有着对新的一天的向往和期待。拨开清晨的薄雾，踏着晨光，远远地便可以听到食堂阿姨那响亮的歌喉。她们在用自己的方式，迎接新的一天的到来。歌声嘹亮，久久不散，充满着食堂。她们给早起的人们传递了热情，传播了希望。不管工作是多么的辛苦，多么的枯燥，她们依旧以微笑面对生活，就如同那向阳的龙眼树，是那般的耀眼，那般的迷人。

龙眼树依旧青绿，它象征着三中学子乐观向阳的理念，象征着坚持不懈、努力追求的品格。它永远是那么的青绿，那么的挺拔，它静静地用行动演绎着“真·爱”教育的内容，延续着“敦品力学”的思想。龙眼树总是用它那抹最亮眼的青绿，关爱着一代代三中人。

·撰写／曹浩格

荔枝

荔枝／学名：*Litchi chinensis*

无患子科荔枝属，常绿乔木，高约10米。荔枝是我国南部有悠久栽培历史的著名果树，一般公认其原产地在我国南部的热带、亚热带地区。据报道，近年来在海南和云南人迹罕至的热带森林中先后找到了野生荔枝。荔枝除果实可食用外，其核可入药用。木材坚实，深红褐色，纹理雅致，耐腐，历来为上等名材。广东将野生或半野生（均种子繁殖）的荔枝木材列为特级材，栽培荔枝木材列为一级材，主要作造船、梁、柱、上等家具用。花多，富含蜜腺，是重要的蜜源植物，荔枝蜂蜜是品质优良的蜜糖，深受广大群众欢迎。

荔枝产于我国西南部、南部和东南部，尤以广东和福建南部栽培最盛。亚洲东南部也有栽培，非洲、美洲和大洋洲都有引种的记录。在三中青山校区和五象校区高中部的校园里也种植有荔枝。每年的高考季都会遇上荔枝的丰收季，师生共同摘荔枝、尝荔枝，不仅能缓解高考带来的紧张感，还能增进师生的情感，成为学生最怀念的校园时光之一。

· 撰写／张琼樱

咏荔枝

〔明〕丘浚

世间珍果更无加，

玉雪肌肤罩绛纱。

一种天然好滋味，

可怜生处是天涯。

荔枝表皮粗糙，上突的点点疙瘩，更增添了其外表的丑态。轻咬一口表皮，还带着一股苦涩味。这样的外表实是难以与鲜嫩粉红的水蜜桃、晶莹剔透的葡萄相媲美。但在这其貌不扬的硬壳下，却裹着珍珠般的玉雪肌肤，洁白无瑕，如同水晶一般闪烁着水润光泽——这便是“世间珍果更无加，玉雪肌肤罩绛纱”。

这首咏物诗，妙在“可怜”一词，看似寻常却意蕴悠长。

诗人丘浚胸怀天下，他志大才高，少年得志，一路春风得意，从一介书生做到朝廷高官。所以尾联的“可怜”不是哀怜，不是怨恨，不是怀才不遇的不满，不是天涯沦落人的失落，而是可爱、爱怜之意。

诗人描写的是其家乡海南的荔枝。海南荔枝之所以天生就具有一种琼浆玉液般的味道，是因为它长在地理条件得天独厚的海之涯天之角。诗人对海南荔枝的赞许与推崇，更表达了其生在海南、长在海南的自信与自豪，寄托了其对海南故土无与伦比的厚爱与眷恋。

每位三中学子，看到绛红的荔枝挂满枝头，也定会触景生情，感受到同诗人丘浚相似的情感，那便是长在三中、学在三中的自信与自豪！

·撰写／程　蔚　绘画／孙小婷

玉雪肌肤罩绛纱

南宁三中青山校区坐落在青秀山下、南湖之畔。学校聚青秀山之灵气，采南湖水之精华，更经三中百年文化浸润，凝聚了浓郁的书卷气，呈现一派“流水润琴书，风来翰墨香”的景象。历经百余年的精心营造，校园内古木参天，鸟语花香，百草丰茂。其中尤其引人注目的便是那旧实验楼和C栋教学楼旁的荔枝树。

春天万物复苏，正是荔枝树开花的季节。教学楼旁的荔枝树，贪婪地吮吸着春天的甘露。在弯曲的枝丫上，嫩芽互相掩映，生机勃勃。每到二月，便是黄花串串，幽香阵阵，独属于荔枝的清香香飘数里，招来了无数蜂蝶。百花争艳之中，蜜蜂嗡嗡叫，边歌边舞，点缀着整个三中，为学校增添了无限的生机。

C栋教学楼旁的荔枝树，是一位无声的聆听者，陪伴着南宁三中走过了日日夜夜，度过了风风雨雨。

上课铃一响，同学们迅速归位，琅琅的读书声不绝于耳。台上，老师们饱含热情的讲解精彩纷呈。只见，唐永顼老师一身白衣，踏着清风，徐徐走进教室。似被读书声所感染，他面带微笑，落笔流畅，中华几千年的诗歌发展史凝于他的脑海之中，现于他的板书之上。伴着深入浅出的讲解，一条清晰的诗歌发展长河跃然眼前。渐渐地，老师的板书已经遍布黑板每个角落。几十分钟的课堂，集合了中华五千多年的文化瑰宝和各朝代诗人们的浪漫情愫。那时的我望着窗外，看到了灿烂盛开的淡黄色荔枝花，新发的花苞多么像我们，在老师春风般的关爱下一点点地成长着。

荔枝晶莹剔透，甜美可口，就像我们三中的师生情一样，洁净甜蜜。老师和同学之间都相互传递着一种伟大的爱，一种无私的爱。三尺讲台存日月，一支粉笔写春秋。三中的教师们始终坚守着“真·爱”的办学思想。“真”，即真与实；“爱”，意严与爱。老师们以包容抚育着莘莘学子，以热爱浇灌着祖国的未来。

荔枝树下，常常还能看到不少学子运动的身影。每到大课间，校道上总是摆起了羽毛球架，乒乓球台前水泄不通。身体是革命的本钱，只有身体健康才能精神百倍，方能勤心修学。我原是不爱运动的人，总想着能躺就躺。来到三中，看到语文老师和同学们组队打篮球赛，看到各科老师穿着健身服驰骋在跑道上，看到高三学长三三两两在田径场锻炼，我被浓厚的体育氛围所感染，终于明白了体育校园的意义。在繁重的教学任务和高强度的学习压力下，保护好每个人的心态是重中之重。老师压力大了，和学生们来一场篮球赛，酣畅淋漓，压力全然疏解；学生疲惫了，便下楼跑几圈步，跳一会绳，谈一会天，感受着自然的芳菲，看着在骄阳下茁壮成长的荔枝树，总能汲取到坚持下去的动力。生命在于运动，这是三中的运动哲学。流水不腐，户枢不蠹，在向上奋进的体育锻炼中，三中人不断取得耀眼成绩，处处丰收。

荔枝谐音立志，荔枝通透的内在美，与三中培育学生内在美的办学理念不谋而合。“德育为先，文理并重，崇尚一流”是南宁三中的办学特色。学校每学年会开展“四礼五节五会九赛”活动，让每个学生的价值都能体现：学生在“入学生涯规划教育、昆仑关爱国主义教育、成人仪式、毕业典礼”中感受中华优秀传统文化的魅力，不断增强文化认同与文化自信；在“读书文化节、科技创新节、映瞳影像节、新蕾艺术节、社团活动节”中感受传统艺术与现代科技的结合；在“校运会、大型元旦通宵晚会、高一合唱音乐会、高二交响音乐会、高三壮行音乐会”中感受人文关怀和百年文化的传承；在“金莺辩论赛、MVJ 主持人大赛、墙画大赛、汉字听写大赛、spelling bee 英语拼写大赛、篮球联赛、羽毛球联赛、乒乓球联赛、足球联赛”中培养兴趣爱好，展现青春风采。

南宁三中老校长黄河清说，立德树人是一项长期艰巨而又非常细致的工作，贯穿于学校教育的方方面面和点点滴滴。为此，南宁三中坚持实践型德育模式，以立德树人为目标，以培育党的接班人为任务，引领健康向上的学生文化，促进学生全面发展。

以真求知、以爱育德、以美养性，是南宁三中的精神文明追求。学校精神文明之花在立德树人、文明兴校的目标指引下，必会常开常艳。

“敦品力学”是南宁三中的校训，南宁三中把“勤奋学习，立志报国”作为立德树人的重要内容，鼓励学生勇攀高峰，使教学质量不断攀升，学科奥赛独领风骚。

在2022年11月，蒋岱兵以全国第20名的成绩获得第39届全国中学生物理竞赛金牌，并入选物理国家集训队。此为时隔13年，广西再夺全国金牌。蒋岱兵身高一米九五，是学校国旗班的升旗手，他初中开始自学微积分，高中开始投入物理竞赛训练。自律、谦逊、专注、勤奋助他一步步攀上高峰。荔枝成熟时，枝头结着的颗颗红宝石，预示着南宁三中学子们也必将金榜题名，拔得头筹，回报自己，回报三中。

岭南五月荔如丹，望若虬珠颗颗圆。一枝一叶总关情，点点滴滴绕心间。成熟的荔枝挂满枝头，仿佛红透了半边天，朱红色的荔枝，在微风中摇曳着婀娜身姿。三中美景滋养着千千万万的三中学子。三千弱水，一苇之功，南宁三中就是这样一个美丽的地方，“喜有绿荫伴书香”的浓厚校园文化氛围，彰显了这所百年名校的深厚历史文化底蕴。

月落日升，晨光熹微，漫步三中校园，绿树成荫，芳草如茵，听着鸟鸣，学在三中。

·撰写/程　蔚

大花紫薇

大花紫薇 / 学名：*Lagerstroemia speciosa*

千屈菜科紫薇属大乔木，树高可达25米。树皮灰色，平滑；叶革质，矩圆状椭圆形或卵状椭圆形，稀披针形，甚大，长10—25厘米，宽6—12厘米；花淡红色或者紫色，于每年的5—7月开花，花序圆锥形，长15—25厘米，远观呈现出一簇一簇的紫或淡红，极具观赏性；花落后形成球形至倒卵状长圆形的蒴果，于每年的10—11月成熟。

大花紫薇的木材坚硬，据说其经济价值可与柚木相比。树皮、叶、种子、根皆可作药用。三中校门口的青山路两侧都种有大花紫薇，花开时节，一路行过，仿佛穿行于晚霞之中。

· 撰写 / 郭文娟

紫薇花

〔唐〕杜牧

晓迎秋露一枝新，

不占园中最上春。

桃李无言又何在，

向风偏笑艳阳人。

紫薇并不似别的花那样娇小，它是木本植物，能长到七米高。大花紫薇更甚，最高的有二十几米，花朵也比一般紫薇大上一圈。紫薇不仅高大，其花还常开不败，能一直从暮春开放到秋日。春天时百花绽放，游人也纷纷前来观赏，正是“桃李不言，下自成蹊”，好不热闹。此时，紫薇还未完全绽开，没有在园中留下自己的身影。秋季百花凋零，桃李繁华不再时，却见紫薇花在萧索的风中卓然绽放，虽无许多人留意，但更显高洁风骨。

唐朝开元元年（713年），中书省曾改名为“紫微省”，中书令改名为“紫微令”。再加上中书省官员办公的地方多种紫薇树，“紫微郎”便成为中书舍人的代称。“丝纶阁下文书静，钟鼓楼中刻漏长。独坐黄昏谁是伴，紫薇花对紫微郎。”这首诗便反映了当时社会对“紫微郎”这一代称的使用。

大花紫薇在三中校园中的存在绝不是偶然。三中的校训“敦品力学”就教导学子们砥砺品德，发奋学习，而紫薇花象征的坚持本心、秉持自我则是三中学子品格的一部分。烂漫的紫薇花在校园中盛放，提醒着学子们专注学习，不要被外界干扰，向自己的目标坚定前行。

·撰写／谢忠殷　绘画／黄奕澜

正如那一朵大花紫薇

阳光透过云层，温柔地倾下。微风拂过朝阳，吹得树影婆娑。一棵棵大花紫薇树慵懒地立在小道两旁，头顶的树冠里，绽放着一簇又一簇淡紫色的花，一眼望去，仿佛藏了无数个精致的绣球。早起的百灵鸟绕着树冠飞来飞去，兴奋地唱出婉转的歌谣。同学们三三两两地自树下走过，常常风一吹，手里就忽然出现一片紫色的信笺，带来清晨的露水与新一天的希望。

南宁三中生态良好，各种各样的花草树木在这里自由自在地生长，将三中变成一个美丽的大花园。大花紫薇作为三中花园的一分子，把自己的美丽带给了三中。它悠然地伫立在小路两旁，陪着三中走过了无数的风风雨雨。同时，大花紫薇是热情奔放、坚定执着与深沉的爱的象征，它的品质也悄然融入三中人的心中，世世代代地传承了下来。

大花紫薇开得那样热烈，恰似三中人的满腔热情。从早到晚，热情之花处处绽放。同学们在晨曦微露中离开静谧的宿舍，前往敞亮的食堂，远远地，便听见一阵欢快的歌声，走近一看，原来是早起的食堂阿姨们正一展歌喉——工作的忙碌并不能削减她们对生活的热爱。她们将满腔热情寄托在清晨的歌声中，将希望传递给每个经过的学生和老师。步入操场，伴随着《英雄少年》的激昂乐曲，同学们意气风发地挥舞着手臂，“嘿”“哈”的喊声整齐划一，响彻操场上空。百灵鸟好奇地看着青春洋溢的少男少女们，也围着一棵棵大花紫薇欢快地唱起歌谣。回到教室，同学们用满怀热情的读书声开启新一天的学习征程。上课铃响起，耳听得刘辉老师一声中气十足的“上课”，就见他大笔一挥，绘就一个堪称完美的函数图像，又不过寥寥几笔，一道大题便迎刃而解。几道题目下来，同学们似乎都被打通了任督二脉，解题越发积极，思维越发活跃，整个课堂也越发激情洋溢。热情便是课堂的代名词。

等到下课，大家又兴奋地冲出教室，拿起乒乓球拍，在球桌上挥洒汗水，或是在校园里撒足奔跑，寻觅着美食和美景。在教室旁边，不时见到两位同学手握绳子两端，将一根粗绳甩得啪啪作响，许多同学随着绳子的节律跳跃着，尽情地挥洒着汗水，引得围观的同学喝彩声不断。同学们尽情地释放着青春的活力，正如校园中开得热烈而奔放的大花紫薇，丝毫不吝啬于绽放出自己的艳丽，活力四射，向阳而生。

大花紫薇的花期是那么长，正如三中人始终如一、坚定执着的品质。韦坚老师刚到三中时，便为三中人的敬业、专业所折服。他在百色市时也是优秀班主任，但是，他到三中第一次带班就被中途换下，一直奋战了五年，才第一次在三中完整完成高中带班循环。他感到十分迷茫，想不明白三中想要的高度，幸好三中并没有让他就此掉队。他说，备课组的同事很真诚，集体备课越来越精细，仿佛特意为韦坚老师开小灶。他曾经历过时间最长的集体备课超过两个小时，内容只是一篇课文；甚至有几次，争论的就只是一个词语。到后来，他做了十二年的班主任，但身边的人还总是说他不懂怎么做班主任：蓝宇教他要陪伴，于是他天天去守教室；李世玲说他要特别关爱外地生，于是他建立外地生专门档案；任副说他要和蔼宽容，于是他学着找学生的亮点，经常表扬他们……是的，他们不惜花费时间和精力，孜孜不倦，坚定执着。还有信息中心的工作人员，“腿脚勤快特能跑”，如胡润华，每天带着几个同事到处跑，手上修电脑、嘴巴管广播、眼睛搞摄像、晚会来直播，硬是靠“跑”让三中较为落后的现代化技术设备达到了先进水平；后勤处和学生处“熬得比谁都狠”，寒暑假就是他们的加班时间，后勤处负责跟进的基建维修、工程施工，年年安排在假期；更别提后勤服务中心连续多年打造出广西一级食堂，校团委凭借“广西五四红旗团委”的荣誉称号美名外扬。三中人就是这样秉承坚定执着、敦品力学的传统。

而大花紫薇也温暖、柔和，恰似三中人之间的温情。20世纪60年代，正值国家物资匮乏时期，当时的三中也不似今日物资丰富、美食繁多，而是要学生和老师亲自下地种菜才能获得食材。不仅每个班、每个教研组要种菜，教职工个人也要种菜。当时，郭先安老师刚刚成为三中的一分子，便接到一个紧急任务——学习种菜。菜园里，片片紫薇花瓣轻舞飞落，落在老教师们身上，也落在郭老师这个新成员的身上。这里的关爱，从不会落下任何一个人。在韦纪三前辈的悉心指导下，郭老师学会了种胡萝卜，并成为一名兔子饲养员，每天都能在和同事们的共同劳动中感受快乐与真情。当时她还和罗永屏老师住在同一间宿舍，罗老师仅比郭老师早一年来三中，却自觉地担起了前辈的责任。每当她将自己种的玉米、木薯做成一些简单的菜肴时，都会主动和郭老师一同分享。

不但老师之间有如此脉脉温情，师生之间的鼓励与信任也同样动人心弦。聂宏老师曾分享过她的教育故事：她曾接手过一个英语基础参差不齐的高一班级，同学们总是因为自身英语水平不行，在课堂上提不起精神。直到有一天，聂老师在课堂上问大家“appreciate”的意思，一个坐在角落、平时内敛安静的同学，在一片无精打采中小声回答“是方法的意思”。这是个错误的答案，但聂老师给予了正面回应，表扬这位同学反应很快，上课认真。赞扬的力量是伟大的。一句简简单单的鼓励，调动起了全班同学的积极性，此后的英语课堂不再沉闷。师生间的温情，就这么诞生在了鼓励与赞美当中，蕴藏在三中的“真·爱”教育当中。正如三中校园中那一朵大花紫薇，那一抹温柔而动人的色彩，在三中人的心中留下长久的印记。

每当仰头望向迎着骄阳绽放的大花紫薇时，我心里便会自然而然地生出愉悦、舒畅的感觉，仿佛同它一道绽放，拥抱阳光。三中人也是这样的，无论在哪个年代，三中人都不会忘记“敦品力学”的校训，都不会忘记“真·爱”教育的办学理念，总是心向阳光，自然生长，拥抱生活，拥抱未来。

站在大树下，看大花紫薇随风起舞。它轻轻撒下片片温柔的紫色花瓣，也将三中浓浓的人文情怀，洒满了整个校园。

·撰写/钟梓恬　林子晴　陈映菊

凤凰木

凤凰木／学名：*Delonix regia*

豆科凤凰木属。取名于“叶如飞凰之羽，花若丹凤之冠”，别名金凤花、红花楹树、火树等。凤凰木在阳光充足和高温多湿的环境中生长旺盛，因此常在热带地区栽种。它是我国福建厦门市、台湾台南市的市树，广东汕头市的市花。

凤凰木是高大落叶乔木，无刺，树冠扁圆形，分枝多而开展，叶长20—60厘米，二回偶数羽状复叶，具托叶，枝叶茂密，树木可高达20余米，胸径可达1米；花朵为顶生或腋生的伞房状总状花序，花大而色泽鲜艳；果期8—10月，荚果带形，扁平，稍弯曲，呈暗红褐色，成熟时为黑褐色；种子有三四十颗，长圆形，平滑而坚硬，黄色染有褐斑，有毒，忌食；树脂能溶于水，可用于工业制造中；木材轻软，富有弹性和特殊木纹，可制作小型家具和作为工艺原料。

凤凰木每年夏季6—7月开花，盛开时花呈鲜红色或橙红色。这个时节正值毕业季，艳红热烈的花朵仿佛昭示着孩子们激情洋溢的青春，所以也被师生们赋予了更多的含义。

·撰写／单鹏华

《蝶恋花·五月凤凰花似酒》四首

〔当代〕张海鸥

五月凤凰花似酒。酝酿千秋，馥郁浑如旧。必是天公裁锦绣。妖娆独许春红后。持弄弦歌邻户牖。共此芳华，道艺相期守。且放疏狂轻紫绶。素心人远风怀久。

五月凤凰花似酒。醉了相逢，又醉分携后。楼外烟霞谁守候。年年此际铺红绉。蝶梦盈盈君记否。梦遇天台，梦醒茶依旧。夜色阑珊风雨骤。明朝忍顾伊人瘦。

五月凤凰花似酒。一别经年，血色萦新牖。莫道川原浑碧透，妖娆一树开窗右。意自孤高心自厚。自在园林，自在君怀袖。一任千秋风雨骤，诗魂总伴芳魂秀。

五月凤凰花似酒。大美无言，愿共人长久。不趁春风抒锦绣。泼红染碧春归后。已惯白云常变狗。无虑无营，我意君然否。岁岁芸窗勤问候。何辞小隐终林薮。

这四首《蝶恋花·五月凤凰花似酒》是中山大学张海鸥教授的词作，在描摹凤凰花体性的同时，赋予其但愿人长久、归隐于林薮的感情。“五月凤凰花似酒。酝酿千秋，馥郁浑如旧。”五月的凤凰花像陈年美酒一样令人心醉神迷，仿佛酝酿了千秋万载，香气馥郁浑然。如此良辰美景，不妨一起于邻人的窗边持弦歌咏，与友人一起相知相守，传达了作者珍惜时光、喜欢雅乐的情趣。

作者颇有魏晋南北朝狂士的品格，怀着素朴的感情于远风中追念过往。“醉了相逢，又醉分携后”与李白的“醒时相交欢，醉后各分散”似乎有异曲同工之妙，但又有着不同。该词的作者或许在现实里并没有与友人相遇，但看到了凤凰花，与友人在凤凰花下神遇，抒发了作者对友人的思念之情。不知是谁在等候着楼外的烟霞？不知你是否还记得当年的蝴蝶梦？我们在天台神遇，醒来茶还是原样。作者借用了“庄周梦蝶”的典故，描绘作者怀念友人入梦与梦醒时分，不忍想起从前的伊人却是这样地消瘦了。一别数年，凤凰花如同鲜血一样的红色还是那样的新！别去歆羡那碧透的山川，凤凰花本身就已经足够妖娆，令人称赞！作者将自己的孤高傲岸与凤凰花香糅合在一起，颇具“有暗香盈袖”的神韵。“我”的诗魂与凤凰花的花魂相伴，一同欣赏着这无言的大美！即便是白云苍狗，“我”的内心依旧是如此的无忧无虑，如此向往隐居的林薮，不知道你知我否？

·撰写 / 陈建伟　绘画 / 钟玺爱

青春礼赞——凤凰木

《诗经》有云：“凤凰鸣矣，于彼高冈。梧桐生矣，于彼朝阳。”凤凰木也正如同诗中所说，向阳而生，立于高处，在绿叶交错间绽开鲜红之花。无论在梦中还是现实中，我都曾遇见凤凰木，歌唱青春花开。

相遇

走入校门，满目葱茏，花木成群，树影婆娑，花枝摇曳。郁郁葱葱的竹林中，清风拂过，丛叶舞动，叶随风声沙沙作响，各种花卉争相绽放，阳光洒落处，更是姹紫嫣红。路过转角，一大片火红的花冠挺立在树梢上，绿叶衬托中，更显得艳丽，其姿态真如一只只凤凰停歇在这绿色山顶上。缘起《凤凰花开的路口》这首歌，每逢毕业季，我都会唱响这熟悉的旋律，记忆中的影子，恰同树上摇曳的花朵一般。我想这就是我所歌唱、寻找的凤凰花了。

我轻轻抚摸它粗糙的树皮，想必它从建校之初就被栽在这里，守护在这，盼着送着莘莘学子走向成功之门。我又看见一旁的“真·爱”石，这树这石，不正是“百尺森疏倚梵台，昔人谁见此初栽”？树叶飘落，我的思绪迷离，仿佛回到了100多年前……

新生

我来到了1897年的三中。在这，同样有着一棵凤凰木。“维我校友，星聚南邕。阳明过化，郁郁葱葱。”百余年前，三中已建在了一个环境优美之地，上挂一匾“乌龙寺讲堂”。我想，这就是三中的前身了。讲堂内书声琅琅，学生们饱含对知识的渴求，歌唱着中国新生的力量。讲堂内，一位先生高声呼喊着变法图强，希望能以新政改换国家落后面貌，他的精神感染着每一位学生，和每一个真正关心国家前途命运的人。庭院中，凤凰木虽未开放，也已摇动枝干，汲取着新的思想。这场维新运动虽然失败了，可燃起了人们心中的烈焰。

延续

树枝再次颤动，我到了1940年。这是一个抗日救国的时代，随处可见抗日救国的标语，学生们也精神抖擞，希望凭借知识能够使国家更加强大。学校院墙中，仍然矗立着一棵凤凰木，花色红如血，树皮布满裂痕。学生们在操场中操练，在课堂上高声背诵理论知识，时刻准备到国家需要的地方去。他们废寝忘食，以常人难以想象的努力如饥似渴地获取精神食粮；他们热情高涨，即便防空警报不时响起，他们仍以顽强的毅力与时间、敌人赛跑。凤凰木如血般的花色，也许会绽放在他们中任何一个人胸前，可他们全无畏惧，青春无悔，对于国家，他们更是义无反顾。

“含英咀华，正义是从。如沐时雨，如坐春风。”歌声响起，我知道自己又将去往下一个年代，而凤凰木挺着腰，不改其神，挥动枝干向我告别。

奋斗

1949年，毛主席在天安门城楼上郑重宣布中华人民共和国成立了！1950年，中国人民志愿军开赴朝鲜战场，抗美援朝保家卫国。1964—1970年，“两弹一星”成就世界瞩目。1977年，高考恢复，万千学子走入考场，追求大学梦。

1978年，改革开放，学校恢复为自治区重点高中，校园内仍然选栽着凤凰木。新鲜的血液从三中源源不断地输往全国各地，而凤凰花也开得一年比一年热烈。校园里的人不断在变，而不变的是凤凰木，它唤醒生命，把校园里的每一处都点缀上了绿荫。一代代的学子来了，一代代的学子走了，而凤凰木一直坚守。一声钟响，我们迎来了千禧年，也是我诞生的时代。在人们不断的奋斗中，国家的经济水平不断提升，国际地位也大幅上升，这时的校园，已然焕然一新。变的是人，不变的是奋斗，凤凰木既有离别之意，也带着青春的意味，它激励我们不断地高歌前行，不停地去创造新的事物。我看到一代代三中学子在奋斗，一棵棵凤凰木花开花落，学校所具有的敦品力学、成才报国之志从未改变，这也影响着每一位三中学子，在自己的领域昂扬奋斗，绽放出凤凰花般鲜红的成就。

醒来

我们聚在树前，再次唱着别离的歌，高举着录取通知书，走过一条长长的红毯，最终又到了凤凰木前。世间若有怒放之冠，那就是这凤凰木了，满树满树的红花，层层叠叠，落下的花又铺成红毯，美丽至极，令人难忘。我在校园度过了宝贵而短暂的三年，这三年，有青春有泪水，有不舍也有释然，我与凤凰木，是否有了共鸣，是否真正遇见了三中最美的一刻？不由得我再多想了，我捧起一簇凤凰花，奋力向空中抛去！是啊，我毕业了。

真爱无言，青春无悔。凤凰木花开半夏，我披星戴月。两者初相逢，却胜似万千岁月。它带着历史长河中无数人的青春向我走来，而我怀揣赤子之心，同凤凰木融为一体，我看到了岁月，岁月也见证了我。别离不再是彷徨，向阳而生方能看到世界之大，前路之长。我将自己从凤凰木中抽离，真正的我才醒来。

我仍是触着凤凰木粗糙的枝干，上面却已然带着温度、汗水，以及对明天的向往、青春的期待。我小心地从包中抽出一张纸，把树的纹路拓印下来——可以复制的是树纹，不能再来的是我的青春。在三中，凤凰花开的时候，我遇见了青春，遇见了一群良师益友，这无疑是最宝贵的财富。凤凰木带我看见过去，我将携着花香奔向未来。在这有着 125 年历史的校园中，花儿再次绽放。

我们不会忘记自己最美的模样，不会忘记学校的过往。青春无悔，只为花开，可堪回首，已然泪千行。愿我们出走半生，仍是凤凰木下豪情壮志的少年！

·白兰·

白兰／学名：*Michelia alba*

木兰科含笑属，常绿乔木。白兰的花极香，花色如雪，花瓣肥厚，长披针形。其叶子薄而有光泽，为革质叶，呈椭圆形，颜色以青绿色为主。

白兰具有极高的观赏价值，植株直立挺拔，并有整齐美观的分枝，在园林中的应用十分广泛。其药用价值也很高，整株白兰都可入药使用，还可用于熏制花茶和制作香料等。白兰喜好充足的光照，通风顺畅、湿润温暖的环境，肥沃、疏松、排水性好和微酸性的土壤，最利于其生长。

·撰写／韦　珺

白兰花

〔宋〕杨万里

薰风晓破碧莲含，

花意犹低白玉颜。

一粲不曾容易发，

清香何自遍人间。

盛夏的拂晓，晨光熹微，和风轻拂一树碧玉，洁白无瑕的白兰花悄然盛放，玲珑如玉，清香四溢。白兰花的美，深深根植于文人墨客的心中，自笔下而出，为后世读者所吟咏。白兰花寄寓着千古文人的情怀，蕴含着浪漫而独特的文化。

杨万里笔下的白兰花，洁白如玉的花朵含苞待放，似一位优雅矜持的少女。她轻撩起帷幔，在明媚的夏日中笑意盈盈，亭亭玉立的芳姿是如此的优雅动人。她不似牡丹、芍药，来得热烈却短暂，她缓缓绽放，不觉间，清香和芬芳已溢满人间。

白兰花象征着高洁的品质。杨万里一生勤奋，笔耕不辍，留下传世之作四千多首。他为官清廉，刚正不阿，不惧权贵，视富贵如敝履，一生清贫如洗，正如他笔下于盛夏拂晓绽放的白兰花一般冰清玉洁。楚国大夫屈原被朝中的小人诽谤排挤，被先后流放至汉北和沅湘流域。秦军攻陷楚都后，屈原自沉于汨罗江，以身许国。传说，这个创作了香草美人意象的屈大夫，情愿用他的铮铮铁骨化成玲珑剔透的白兰花以明心态。举世混浊而我独清，众人皆醉而我独醒。花如人，人如花，白兰花就像屈大夫的高尚品质那样纯粹，不妥协，不媚俗，不与世俗同流合污，流芳百世。

·撰写 / 韦怡文　韦　妙　绘画 / 邓雅匀

白兰香，三中情

又是一年夏天，三中的白兰又开了。“美人含笑，香气袭人”，白兰含蓄地拢着湿凉如膏脂的象牙色花瓣，沉静而端庄地睡在一片葱茏之中。她仿佛带着一丝恬静的笑意，在晶莹的露珠中更显温柔与典雅。在树下驻留，自树上流下的缕缕幽香沁入鼻腔，那是白兰特有的一种淡雅幽香。

白兰如此美丽，其品质如外表一般美好。白兰之白，如人之真挚纯洁；白兰之香，如人之热情四溢；白兰之静，如人之宁静致远。白兰的美，让人想到三中的老师，让深受老师栽培之恩的我们永远对老师怀着感恩之心。白兰花以其优雅的姿态，影响着每一个三中人。

一、如白兰真挚纯洁

“轻罗小扇白兰花，纤腰玉带舞天纱。疑是仙女下凡来，回眸一笑胜星华。”1961 年春节，郑瑞英老师迎来了自己的婚礼。学生们自己组织乐队，布置新房。当时国家处于困难时期，学校条件较差，没有丰盛的婚宴。学生们便拿学校自己种的菜，做成宴席，拿校领导发的土豆、红薯，做成祝福的汤圆；没有美丽的婚纱，郭先安老师便拿出了在那个着装以蓝色、灰色为主的时代，很稀罕的珍贵礼品——一条呢质的玫瑰红“布拉吉”（俄语称连衣裙为“布拉吉”）。在那个寒冷的春节，在那个困窘的年代，因为人们之间那份真挚纯洁的情谊，婚礼办得热闹而温暖。

过了不久，又到了吴艺玲老师、郭先安老师的婚礼，她们先后身着同一条“布拉吉”，在三中师生雷鸣般的掌声中，在真挚的祝福中，幸福地绽放。晶莹的白兰花再次开放，风过，淡淡幽香氤氲。身着“布拉吉”的老师手捧圣洁的白兰，在学生们围成的圈中，亭亭而立，红润的脸上笑容四溢，火红的裙摆飞扬，翩跹旋舞。郭老师婚礼上的歌声萦绕耳畔：“镜子里面有个姑娘，那双眼睛又明又亮。镜子里面不是我吗？脸儿长得多么漂亮。耳边戴着一朵鲜花，美丽芳香。”

那戴着的，一定是白兰吧。三中师生至真至纯的爱，在人与人之间，在三中校园里飘荡，飘荡……

二、如白兰热情四溢

“微风轻拂香四溢，亭亭玉立倚栏杆。”每到夏末秋初时分，漫步在南宁三中的校园里，徜徉于绿荫小道上，总能看见白兰尽情地舒展腰肢，散发出清新宜人的芳香，以饱含热情的状态迎接每一位师生。

同样热情四溢的不只有白兰，还有三中热情友好、乐于助人的师生。

张小华老师是南宁三中的优秀教师。南宁三中 2014 届 14

班的学生们至今仍记得，张小华老师曾给他们买了整整一年的早餐。高三那一年，张老师观察到班里的学生学习非常用功，很多人都是早上7点前就到教室学习了，因为来得太早，有些学生干脆就不吃早餐，或者随便吃两块饼干了事，这让张老师很是心疼。她心想："高三是关键时期，学生的身体不应该被亏待，如果营养跟不上，怎么能扛过上午5个多小时的高强度学习呢?"于是，她主动担负起为学生买早餐的任务，并且还会根据学生的需求买各种早餐，这件事她坚持了整整一年。

除此之外，三中曾经的志愿者团团长潘言宇在平时的学习工作中，也以积极热情的态度帮助同学，组织三中志愿者团的团员们到社区开展志愿服务活动，给社区居民提供了便利，改善了社区居民的生活。

他们热情且乐于助人的宝贵品质犹如白兰浓郁的香气那样触动身边的每一位校友，感染了三中的莘莘学子，久弥于我们心间。

三、如白兰宁静致远

"四月清末雨乍晴，南三和风转分明。更无艳色纷扰兮，惟有白兰芬香袭。"暖阳轻洒，清新淡雅的香气在校园里弥漫，白兰绽放于枝头，美得超凡脱俗，抒写了人间的宁静致远之美。

中国工程院院士李京文，人生最大的信条就是"把事情做好"，这朴素的信念支撑着他在技术经济学研究的道路上越走越远。读书期间，他认真刻苦。从南宁三中毕业后，他留学苦读五年，本可以继续留学深造，但考虑到国家正是用人之际，而他留学的初心是为建设祖国，于是他毅然决定回国，不为杂念所左右。南宁三中 115 周年校庆时，年近八旬的李京文院士回来为母校庆生。他说，母校三中是培养他成长的重要地方，不仅教给了他知识，更重要的是教会了他如何做人。他非常感谢母校，也非常想念母校，就算再忙也要回来看看。

校庆上，腿疾缠身的李京文院士坐着轮椅望着台上的学生跳街舞、玩双节棍，一边鼓掌，一边回忆起当年他充满活力与激情的学生时代。白兰盛放在校道旁，摇曳着如莹雪般的花瓣。当时他对文学颇有兴趣，在南菁社和新心社时，他在自己所负责的墙报和壁报工作上做得专心致志，极力做到尽善尽美。或许正是这时，青年的心志受到磨炼，学会得胜时平稳心态，失败时静思反省。“非心静无以言学，非宁静无以致远。”李京文院士正是凭借着这份专心进取，在技术经济学领域稳步前进。

愿所有三中学子都能成长为一朵白兰，如白兰般宁静致远。

四、如白兰感恩怀德

“天意怜幽草，人间重晚晴。”正值白兰盛放之时，馥郁的花香在校道间弥漫，沁人心脾。南宁三中高（83）班的学子们欢聚一堂，共同为他们敬爱的班主任——郭先安老师举办从教 57 年庆典。学生们为郭老师精心制作了纪念文集画册——《岁月如歌　爱相随　我们的郭先安老师》，白纸黑字间流露出真情。

“回忆高中时代，当年离家住校感觉孤单时，都是郭老师陪伴我们走过寂寞的日子，三十年过去了，回想起来，郭老师就像妈妈一样。”“您的鼓励与支持总是出现在我们最需要的时候，仍记高考前的那一次模拟考，我大受打击，情绪低落之时，是您及时找我谈心，让我总结失败的教训，那年高考，我的语文考出了我有史以来最好的成绩。”毕业几十年了，学生们回忆起与郭老师相处的点点滴滴，一切都仿佛发生在昨日一般。

郭先安老师爱生如子，将毕生心血倾注于教学事业与学生身上，在最闪耀的年华把青春献给教学事业，宛如一株真挚高雅的白兰。如今，这些意气风发的学生也以他们独特的方式向辛勤耕耘 57 载的郭老师致敬，许多学生已经成为社会的中流砥柱。他们当中，有的是物理学家，有的是学校教授，有的是政府官员，有的是企业家，还有的人回到三中，怀着一颗赤诚的报恩之心教书育人。他们心中散发着如白兰般的清香，芬芳了整个校园。

“薰风晓破碧莲含，花意犹低白玉颜。一粲不曾容易发，清香何自遍人间。”看啊，白兰开了，开得那样真挚而热烈。白兰一年年萌芽、开放，一代代三中学子们成长、毕业。改变的有花、有人，而不变的只有那淡雅的幽香，以及三中人的纯洁、热情、宁静和感恩怀德。相信在这125周年校庆之际，我们三中学子一如白兰般通体幽香，自然生长，热情开放。

·撰写/万丹裕　崔航宇　农紫涵
谭静怡　许　悦

竹柏

竹柏／学名：*Nageia nagi*

罗汉松科竹柏属乔木。古老的裸子植物，1亿5500万年前的中生代白垩纪就已经存在了，被人们称为活化石，是国家二级保护野生植物。竹柏耐阴喜湿，抗寒性弱，枝叶青翠而有光泽，树冠浓郁，树形美观，可高达20米，是广泛用于庭院、住宅、小街道等园林绿化的优良风景树。

竹柏的根、茎、叶及种子含有多种化学成分，均可入药，主要用于舒筋活血、止血接骨，治疗腰肌劳损、外伤骨折等。此外，竹柏有净化空气、抗污染和驱蚊的效果，是雕刻、制作家具及胶合板的优良用材，具有较高的观赏、生态、药用和经济价值。能在三中校园里发现竹柏，说明三中的生态环境十分优越。拥有珍稀植物的优越校园环境陪伴着一代又一代三中人成长，是每一位三中人为之自豪的事情。

·撰写／黄　琴

赠从弟（其二）

〔汉〕刘桢

亭亭山上松，瑟瑟谷中风。

风声一何盛，松枝一何劲！

冰霜正惨凄，终岁常端正。

岂不罹凝寒？松柏有本性。

柏树耐寒，在大雪纷飞的时候，其他树木的枝叶凋零，它浓密的枝叶依旧在寒风冷雨中挺立不屈；柏树长寿，在岁月流转之中见证着沧海桑田的变化。历代文人墨客，以松柏寄情，以松柏言志，留下诸多与松柏有关的诗文，丰盈着中华的文化长廊。柏非竹柏，一字之差，却是不同物种；虽是不同物种，却有着共通的精气神。

百年三中有松，有竹，有柏，也有竹柏。无论何种，都寄寓着三中学子不畏困难、不惧辛苦、以梦为马、迎难而上的气概。校园里那挺立的松竹，那枝繁叶茂的竹柏，不也正寄寓着三中学子如其一般开枝散叶，在各行各业奉献一片葱绿的教育愿景吗？

·撰写／唐浩源　绘画／洪子慧

何处有竹柏

苏轼与张怀民在承天寺夜游，如水月光中摇曳的树影晃动了他的心绪，于是他提笔写下："何夜无月？何处无竹柏？但少闲人如吾两人者耳。"豪放气概，千古如新。不过，年幼的我初读此篇时，却百思不得其解：为什么说"何处无竹柏"？竹柏真的随处皆有吗？除了家中那一盆，我从未在别处看到过竹柏。

后来我才明白，此竹柏非彼竹柏。承天寺位于黄州，也就是现在的湖北黄冈，而竹柏抗寒性差，其实受不住湖北的寒夜冷月。东坡居士所谓"竹柏"，乃竹子、柏树合成，正如"藻荇"。这么说来，苏轼其实没有说错，竹子、柏树确实是分布广泛。不过，以我的理解来说，我也并没有错，竹柏因其不耐寒的特性，多在我国南方分布，如浙江、福建、江西、湖南、广东、广西、四川等地区，也分布于日本。

竹柏虽名叫"竹柏"，但有些名不副实，容易给人以误导。竹柏是罗汉松科竹柏属乔木，也有个别名叫"罗汉柴"。"竹柏"一名来自李时珍的《本草纲目》——"峨眉山中，一种竹叶柏身者，谓之竹柏。"所以说，竹柏真算是出身名门，兼具两美的植物。不过，它与“经冬不凋，负雪怀霜”的竹子、柏树还是不可混为一谈的。

竹柏因枝叶青翠而有光泽，树冠浓郁，树形美观而常被用来做盆栽种植。我家便有一株竹柏。在我上初中之前，我每天都可以见到竹柏在晨曦中舒展它的枝条。我在它面前屏息凝神，盯着青翠欲滴的叶片上如同宝石般闪耀的水珠，看它沿着叶脉滚落，“啪”的一声砸落在地，泻开一小片璀璨的阳光。等傍晚回到家，落日毫不吝啬地将余晖涂抹在竹柏的翠叶上，空气中浮动着某种气息，柔和的光辉荡漾在我身侧。竹柏也好像结束了一天的工作，叶子微微下垂的角度仿佛都透露出放松和惬意。我小心翼翼地伸出手，触摸它的叶片，低声叙说着脑中稚气又绮丽的幻想。簇拥着的叶片随着我的动作一下又一下地“点头”，仿佛真的有小精灵在听我说话。周围有微小的浮尘在光影中跳动，饭香隐约飘进鼻子，楼下传来伙伴的嬉笑声，面前的竹柏随风晃动——小精灵们一定和我一样喜欢这熟悉而温暖的一切。

可是，小精灵的回信来得太慢，还没等我收到，我就已经长大了。

长大了，离开了熟悉的环境，才发现那些早已习惯的清晨与傍晚其实是多么珍贵，多么令我眷恋。时光带走了我的童年，也带走了我身边的竹柏。何处有竹柏？在那一个个被思念打湿的梦里，潮水汹涌，巨浪将我吞噬。睡不着的夜里，总让人想要逃离。

直到我在三中校园里也发现了竹柏。三中的竹柏与我记忆中的不同，是真正的树。树皮近于平滑，红褐色，枝条开展，树冠广圆锥形，叶对生，披针状椭圆形，上面深绿色，下面浅绿色。一阵风吹过，树上便荡漾出一片小小的绿海。在回不了家的时间里，我总是不自觉地走到竹柏身旁，仰望着它。想起小时候的我蹲着细看竹柏，而现在长高了的我却只能抬头仰望竹柏，我为这种变化发笑，儿时的种种回忆却不时地涌上心头，最终如浪花碎在心头。忘了是谁说过，故乡、过去总会像一条链子系在人身上。我想，也许竹柏就是这么一条链子。

我喜欢在竹柏树下读书。树上偶尔发出的窸窣声响，空气中飘动着的气息，都让我感到莫名的安心。光被层层叠叠的叶片分割，在书页上投下破碎的影，标注出某些被它青睐的语句。我细看那一句："试问岭南应不好，却道'此心安处是吾乡'。"我哑然失笑，这首词也太应景。记忆再次翻涌起浪，但这次的情感却与之前不同。

我任着思绪飘回千年前，落到那一位"问汝平生功业，黄州惠州儋州"的老人身上。阳光落在我的身上，没什么温度，仿佛那一夜承天寺的月光。低下头，地上树影摇曳。不像水藻，我在心底想，但是亦有一种美丽。

我又将目光投注到竹柏上，想象着一亿五千五百万年前，是不是也有一个人这样凝望着竹柏。不对，那时候还没有"人"这一物种。在我们都不知道的时候，竹柏就已经在大地上扎根。斗转星移，沧海桑田，想来它所处的地方也早已变了很多，是不是也算是一种远离家乡？

手触上竹柏的树干，带来一种冰凉的触感。难道我们度过这一生，是为了永远沉浸在对过去的缅怀中？不知道树有没有情绪，但人是有的。无论如何，比起那些宏大的梦想，我对人生的最大期待不过是希望自己活得快乐。

竹柏从遥远的过去走来，一定经历了很多改变。但它适应了变化，最终站在了你我面前。苏轼从四川出发，被贬到天涯海角，故乡远隔千里，年少的梦虚幻如泡沫，但他还是说“此心安处是吾乡”。他们不一定忘记了故乡，但是他们都适应了新生活，在新的地方找到了生存的方式。

或许我也应该这样。与竹柏、东坡不同，我是为了所谓理想离开。理想与故乡并不总是相容，总要做出选择。汪国真说：“既然目标是地平线，留给世界的只能是背影。”就让思乡的潮水平息，成为一条蜿蜒的小溪，永远伴随在我的身旁，轻轻拍打着河岸。

何处有竹柏？在记忆里，在追逐梦想的脚步边，在吾心安处。

·撰写 / 韦依彤

台湾相思

台湾相思 / 学名：*Acacia confusa*

豆科相思树属，一种常见的乔木，通常又被叫作“相思树”或“台湾相思树”。台湾相思虽名为相思，亦是豆科植物，但是却无法结出红色的相思豆来。

通常能见到的台湾相思的“叶子”，其实并不是它真正的叶子，只是它的叶状柄而已。而台湾相思真正的叶子，只在其幼苗的阶段才能看到，等到它们长大之后，便会完全退化，消失不见了。

台湾相思的花朵为一个个头状花序，球形，单生或2—3个簇生于叶腋，还有一根根细长的花蕊。花期3—10月，花开满枝头，颜色金灿灿的，是蓝天下一抹浓重的色彩。

·撰写/陆勤娟

搜神记·韩凭妻

〔东晋〕干宝

宋康王舍人韩凭，娶妻何氏，美，康王夺之。凭怨，王囚之，论为城旦。妻密遗凭书，缪其辞曰："其雨淫淫，河大水深，日出当心。"既而王得其书，以示左右，左右莫解其意。臣苏贺对曰："其雨淫淫，言愁且思也。河大水深，不得往来也。日出当心，心有死志也。"俄而凭乃自杀。

其妻乃阴腐其衣。王与之登台，妻遂自投台。左右揽之，衣不中手而死。遗书于带曰："王利其生，妾利其死。愿以尸骨，赐凭合葬。"王怒，弗听，使里人埋之，冢相望也。王曰："尔夫妇相爱不已，若能使冢合，则吾弗阻也。"

宿昔之间，便有大梓木生于二冢之端，旬日而大盈抱，屈体相就，根交于下，枝错于上。又有鸳鸯，雌雄各一，恒栖树上，晨夕不去，交颈悲鸣，音声感人。宋人哀之，遂号其木曰"相思树"。相思之名，起于此也。南人谓此禽即韩凭夫妇之精魂。

今睢阳有韩凭城，其歌谣至今犹存。

《搜神记》中这个故事影响极大，《岭表录异》《太平寰宇记》等都有记载，而相思树也成为人们相亲相爱、生死不渝的象征，故事发源地——青陵台也成为相思文化的发源地。又因相思树原产于台湾，故得名台湾相思。三中的台湾相思长势颇好，其树干粗大，已有很长的历史。

·撰写 / 李费诚　绘画 / 黄清源

奉献之梦是与祖国的一场相思

说实话，当我在学校里看见台湾相思树时是十分诧异与惊喜的。

台湾相思树，是一种可以配得上“顽强”二字的植物。它青翠欲滴的树叶、明艳的花朵很容易让人误以为它是那些脆弱娇贵的落叶乔木。可事实恰恰相反，台湾相思树几乎可以适应所有环境。它对土壤条件要求不高，极耐干旱和瘠薄，在土壤冲刷严重的酸性粗骨土、沙质土均能生长，且生长迅速，为华南地区荒山造林、水土保持和沿海防护林的重要树种。

俗话说得好：“大树底下好乘凉。”在相思树下，再毒辣的阳光也会被它茂密的枝叶隔绝。习习凉风将夏日的闷热与烦躁一扫而空，留下的只有宁静与舒适。

多么可爱的树啊！看看相思树，想到了什么？是它全身上下都可以为人类所用的价值？没错。是它象征的忠贞不渝的爱情吗？也是对的。可是为什么我还是有一种怅然若失的感觉呢？树叶沙沙，不平则鸣：“是谁为你遮挡酷烈的阳光，是谁为你带来阴凉，又是谁让你拥有这美好的生活？”

我猛然醒悟，我记起来了，在祖国的边境上，有着一群特殊的人。他们像相思树一样，在深山老林中，在皑皑雪峰上，在荒凉的戈壁滩上，在任何恶劣的环境中，只要是祖国需要他们的地方，都有他们的身影，他们就是中国军人。

正如相思树即使扎根在贫瘠的土地上，也要保护脚下的土地和树上的鸟儿免遭风雨一样。树可爱，人更可敬，中国军人更伟大。他们为我们挡下的是比风雨更可怕的棍雨、石头雨，甚至是枪林弹雨。树木被吹折的是枝叶，军人们献出的却是自己的生命！即使很多人的名字不为我们所知，他们却仍在默默奉献。这样伟大的人啊，怎能不让人敬佩？

台湾相思材质坚硬，可用于制作车轮、船楫、农具等，甚至可作为房屋、桥梁等承重结构的用料。

这与朝气蓬勃的三中学子何其相似？身边许多同学争当青年志愿者，活跃在社区里、街道上，身穿红马甲，头戴小红帽，成为城市中的一股暖流，用自己的行动与无限热情沁润世界。脸上，挂着灿烂的微笑；胸前，戴着闪亮的团徽。“嘿，兄弟，帮我递一下那一箱材料……”“兄弟，那边灯柱上还有一些‘牛皮癣’……”“兄弟，帮忙开开垃圾袋……”“兄弟……”

放学走出校门，我笑着打招呼道：“老同学，又来这条街扫地呢！”转过一个路口，我笑着挥手道：“嘿，你又在这儿帮忙指挥交通呢！”回到小区门口，我笑着跑过去道：“嗨，学长你又来这里帮忙测温呢！”脱下书包，我接着说：“嘿嘿，休息一下吧，该换我啦!”我相信，虽然我戴着口罩，但也会有人看到我的微笑。因为，我也能看到他们的微笑。

接到一个电话，电话那头说：“你师兄的科研项目有了新进展，今晚有个小庆功会，让我带上几个现在带的学生，你来不来?”以优异成绩毕业的学长学姐们有的继续深造，有的已经投入为国奉献的第一线去了。他们一如既往保持对科学的好奇心、对生命的敬畏、对世界的向往，发扬勇于担当、敢想敢做、潜心钻研的精神，积极创新、自信自强、踔厉奋发、勇毅前行。他们也许已经奋斗在祖国的科学一线，也许在艰苦创业，也许毅然回来教书育人……

“老师的老师本来也只比我大几届，没想到，几年后我们就成同事了。他当时给我的感触很深，没人能阻止我回母校三中来当老师——我永远记得，我与老师的第一张合照是在学校里一棵台湾相思树下拍的。他说：‘你们毕业后，当我想你们了，就会来这棵树下。我会给你们每人送一个我自己用这树枝做的小挂件，希望你们看着它也能想起我……’于是，每当我在大学望向这个挂件时，就想回来见他。说来可笑，我竟与老师‘相思’。老师想念他的‘顽皮学生’，而我则着实非常敬佩他的精神，我万分想成为老师那样倾心教育的人。”

电话里，老师激动得有些哽咽。我怎会不知道老师的意思呢，我与他敬佩的是同一类人——有心奉献的青年人。

南宁三中在校园种下台湾相思，积极开展各类爱国活动，还有志愿服务活动，不仅是让同学们热爱祖国大地，更是希望同学们能茁壮成长为一棵参天大树，把自身投入建设祖国的伟大事业中去，让祖国在历史长河中更加闪耀。

·撰写 / 王思涵　周炜皓　李涵清　李费诚

中国无忧花

中国无忧花／学名：*Saraca dives*

别名火焰花、四方木皮，豆科无忧花属，高可达20米，胸径可达25厘米。羽状复叶有小叶5—6对，嫩叶略带紫红色，下垂；小叶近革质，长椭圆形、卵状披针形或长倒卵形。花序腋生，较大，总轴被毛或近无毛；总苞大，阔卵形，被毛，早落；苞片卵形、披针形或长圆形，被毛或无毛；花黄色，两性或单性；萼管长1.5—3厘米，裂片长圆形，具缘毛。荚果棕褐色，扁平，果瓣卷曲；种子5—9颗，形状不一，扁平，两面中央有一浅凹槽。

中国无忧花主要分布于我国云南东南部至广西西南部、南部和东南部，老挝、越南也有分布。在三中青山校区，其主要分布在办公楼前，作为景观树种，其花期颇长，从春至夏，嫩叶飘拂，黄花吐艳，令人目不暇接，乐而忘忧。此外，它还有多种用途，无忧花可用来放养紫胶虫，是一种优良的紫胶虫寄主，树皮可入药，治疗风湿骨痛、跌打肿痛等。

·撰写／梁　迪

忘忧花

〔唐〕吴融

繁红落尽始凄凉，

直道忘忧也未忘。

数朵殷红似春在，

春愁特此系人肠。

印度有一个传说：2500 多年前，一个叫摩诃摩耶的王后在回娘家分娩路上，在一株无忧花树下休息，扶在树干上时惊动胎气，生下了一代圣人——释迦牟尼。从此无忧花便与佛教息息相关。在寺庙周围往往种有无忧花，久之便成为一种传统。

从古至今，人们通过无忧花特殊的历史文化内涵，寄托着各种各样的情怀和愿望，如唐代吴融的“繁红落尽始凄凉，直道忘忧也未忘”。吴融生活在晚唐时期，见证了大唐王朝一步一步走向衰亡，诗人对此忧伤却也无能为力，只能借无忧花来安慰消愁。王缺在《华南常见行道树》中曾提到无忧树枝叶“柔软下垂，婀娜多姿，状似逍遥”。每一朵花上都染上了金黄的色彩，小小的花瓣薄且娇嫩，从尾部的金黄，过渡到淡白，最后隐匿于中心的白色。每一片绿叶都精巧得像细琢过后的薄玉，花在叶的衬托下，愈显灿烂辉煌。无论是花还是叶都会带给人一种无忧无虑的感觉，使人心情舒畅。被这灿烂的美景所感染，即便是忧愁苦闷的人，也能拂去心中的不安，穿透眼中的阴霾与灰暗，迎来希望的春光。无忧花如天上的云霞，它们乐观向上，无所拘束，向世人展示自己描摹的灿烂图景。我们新一代青年应当学习无忧花的品质，积极乐观，无所羁绊，在为实现梦想不懈奋斗中书写人生华章。

·撰写 / 黄开坚　绘画 / 肖馨恬

回看三中莫问征途，展望青山无忧前程

从大门进入三中，眼前便是一条长而宽阔的校道，校道两旁草木繁茂而有生气。顺着校道走到双鹤组合而成的“SZ”字样的雕塑前，左前方便是办公楼。办公楼前，每到年年春好处，花下人人叹惊羡。这鲜为人知却无比绚丽的玉英，便是中国无忧花。

无忧花下无忧人，三中人秉承着“真·爱”教育理念，纵有忧愁，也以深仁厚泽、以朝乾夕惕、以止水之心化忧愁为前路上的花团锦簇。一代代学子与老师在无忧花下，传递温暖、传递希望、传递未来。

一、无忧花下　温情无忧

乘缕缕清风，万千草木在三中扎根，蓬勃向上，也不忘洒下一抹阴凉。在为三中之清风添一缕芳香之际，草木之志也在三中绽放，草木之情更在三中缱绻而不绝。无忧花，便是三中草木之华中一抹艳丽的红颜。在办公楼前的绰绰花影里，在花语“无忧”的美好寓意中，曾有这样一缕清亮的歌声悠扬飘过……

在《百灵鸟·三中情》一书中，余铭恩学长带着真挚的感恩之心，激动地回忆起了他在三中的往事。由于年幼时父亲入狱，母亲将他送给一对农民夫妇抚养，他的心底留下了难以治愈的创伤。这些创伤影响了他的性格，以致他初到三中读书时，叛逆无礼，野性十足，很多老师对此感到十分头疼。幸运的是，铭恩遇见了自己的贵人——郭先安老师。

对学生认真负责的郭老师自然不会放弃“硬骨头”铭恩，一个偶然的机会，心思细腻的她发现铭恩有着对音乐的痴迷。从此，郭老师便常常课后带着铭恩在校园中边漫步，边练声，边交流对音乐的感悟。师情草木知，草木见丹心。以音乐为钥，郭老师终于打开了铭恩紧闭的心门，铭恩开始愿意让身边人的温暖与关心走进自己的心房。渐渐地，铭恩变得自信自尊、遵规守礼、积极上进、懂得感恩，最终成长为对他人和社会有用的人。犹记得师生一起看过的簇簇无忧花，热烈而又明艳，被这灿烂的美景所感染，即便是忧愁苦闷的人，也定会拂去心中的不安，穿过眼前的阴霾与灰暗，迎来希望的春光。

在金黄的无忧花下，在郭老师的谆谆教诲里，在三中“真·爱”教育理念的滋润中，铭恩终于活成了无忧花的模样。他不再为往事忧愁，不再为杂事顾虑，而能够自在勇敢地追逐理想和真理的光芒。老师的教诲，更教会了他不惧夜降、不畏过往、冲破重云的决心与气概。大概这正是郭老师所希望看见的，也是三中无数秉持着“真·爱”教育理念栽下朵朵无忧花的园丁所希望看见的。无忧花如宝塔般盛放的花儿，承载着无数三中老师对学生的期望。愿代代三中学子，能在盛放的无忧花下，在校园里弥漫的温情中，忘却忧愁与顾虑，勇敢去追求梦想与真理！

无忧花下，温情无忧，知否知否，应是风骨卓然，轻纱初透。

二、无忧花下　韶华无忧

三生烟火，换一世无忧，恰是年少，韶华倾负。

可能鲜有人记得，何时何人在此地播撒下无忧花的种子。无忧花，花如其名，能散去人们心中忧虑的阴霾。很多人虽不知其名，但也在心中收下了这份美的愉悦，无忧花在不知不觉中消除了不知道多少人的忧虑。

对于生物竞赛生来说，三中的草木无疑是自然的宝库，而他们自己就是这宝库的挖掘者。他们往往能把大自然的语言转换成我们熟知的文字，更转换成心中的一份力量。就这样，三中的草木便与他们结下了不解之缘。高考如过桥，竞争之激烈显而易见；而竞赛就像过独木桥，其艰难可想而知。一位生物竞赛的省队选手曾经说过，在冲击联赛和国赛时，他忧虑苦恼万分，生化、遗传、植物学、动物学……一个个板块的书与难题在他心头压上一座座巍峨的山，于是他走出教室，在校园里散心。

三中的疾风吹不开他的心结。他仿佛失去了平日里与草木对话交流共情的能力，只是默默地走着。彼时春天虽已到来，但还残存着些冬的荒凉。

忽地，一抹明艳令他迷茫的双眼里出现了一道光，他抬起头，正肆意开放的明艳的无忧花映入眼帘，身为生物竞赛选手，他脱口而出："蔷薇目，豆科……"呢喃声戛然而止，他一时不记得这花的属及种，好奇心驱使，他深深地看了一眼后，转头跑回教室查找，这才得知花名——中国无忧花。以前无忧花只是书上的浮光掠影，没想到在现实中的无忧花，竟如此惊艳。也许被那鲜妍热烈的颜色感染了吧，这位选手又重拾信心备战联赛，最终取得了不错的成绩。无忧花在中华传统文化中，多被认为是美好、积极的象征。"无忧花原来真的可以解决人的忧虑，在你有忧愁的时候，不妨去看看无忧花吧。"这位选手如是说。

年年复年年，三中勤恳的园丁们培养出一代代桃李，无忧花也一直在三中的校园里，兀自绽放。

无忧花开郁盛暄妍，望我三中韶华无忧。

三、无忧花下　未来无忧

无忧花下悟心起，鹏路翱翔向未来。

六月，无忧花盛放，无忧花果欲出之时，也是人生理想的决胜之时。高考迫近，高三学子为着自己的理想冲刺。

此时正值无忧花开，有些忙碌疲惫的高三学子漫步于三中，在迎接高中最后一次大战前与母校告别。熟悉的校道旁一抹艳橙不吝芬芳。近一看，一摞摞如宝塔的无忧花在不起眼的角落静静开放。回望三年，记忆中也许出现过无忧花盛开的场景，却不及眼前的那么光鲜娇艳。三年的默默积蓄，为的便是这一刻的惊艳怒放。养精蓄锐了三年的三中学子，也将要决胜疆场，为自己的人生开创更好的未来，为南宁三中创造新的辉煌。

一场毕业音乐会在无忧花的芳香中谢幕，或婉转动听，或铿锵有力的歌声仍回荡在学生们的耳边，充满活力与希望的舞蹈仍浮现在眼前，意犹未尽。压在众多学子内心数月的忧虑，恰在这时消散，化为了昂扬之斗志、拼搏之动力。高中，挥洒着奋斗的汗水，回响着青春的呐喊，闪烁着未来可期的无限光芒。然而，不变的是无忧花的艳橙、清芬、淡雅，以及含苞待放后的一鸣惊人。愿少年在征途后，回眸时，眼有星辰大海，胸有丘壑万千，心有无忧花繁盛似锦。

无数的三中学子，心中绽放着同一朵无忧花。“真·爱”教育理念是它丰富的精神养料，让每一位三中学子未来无忧。正如无忧花的花语“无忧无虑，消除烦恼”，南宁三中每一位园丁的细致关爱，才能让我们这些“无忧花”有着尽情绽放的未来。

未来的少年迎风而归，宛如千树花开。艳橙的无忧花，总会在青山的校园中，清芬远扬。

四、无忧花下　未来永无忧

百廿又五历经沧桑，八桂蛰伏一傲群芳。回望南宁三中的漫漫征途，无数三中学子在那无忧花旁，用汗水书写人生的华章，为南宁三中的辉煌添上了雄浑的一笔。无忧花也如同三中的“真·爱”教育理念一般，激励着南宁三中的莘莘学子拼搏奋斗，赞美着三中的园丁们的无私奉献。

告别那簇鲜黄艳橙，走向大门，校道旁的草木生机依旧，南宁三中的新篇章仍在书写。沿路而行，“真·爱”石矗立在路旁，那遒劲有力的笔迹，默默讲述着南宁三中的教育理念。黄河清书记曾说，立德树人是一项长期艰巨而又非常细致的工作，要贯穿于学校教育的方方面面和点点滴滴。沉舟千帆起，万木向黎明。“真·爱”见证了莘莘学子在老师的教诲下不再局限于往事，不再对当下忧虑，不再对未来迷茫；见证了一代代三中人自强不息、乐观积极的拼搏精神；见证了多少秉持“真·爱”教育理念的园丁默默奉献，终培育出一片片盛放的无忧花。无忧花的“无忧”如同“真·爱”教育理念一样，在125年的沉淀中，成为三中教学理念的一部分，成为三中情怀的一部分，成为三中精神的一部分。

“众里寻他千百度，蓦然回首，那人却在，灯火阑珊处”，无忧的我们，定会在无忧花下，为自己点亮未来征途上的星光。

走出校门回望时，“南宁市第三中学”的字样在阳光的照耀下略显沧桑，但在这之中，也透露出坚定与希望。回望过去，展望前方，相信南宁三中温情无忧、韶华无忧、未来无忧。

恰逢南宁三中125周年校庆，谨以此篇献给黉门。

·撰写／高子轩　黄锦华　黄开坚

李居阳　梁岳阳　凌维泉

杧果

杧果／学名：*Mangifera indica*

漆树科杧果属，俗称芒果。常绿大乔木，高可达20米。树皮灰褐色；叶薄革质，常集生枝顶，通常为长圆形或长圆状披针形；花小，杂性，黄色或淡黄色；核果大，肾形，成熟时黄色，中果皮肉质，味甜，果核坚硬。产于云南、广西、广东、福建、台湾，本种国内外已广为栽培，为热带著名水果。其中广西的芒果以其较好的品质和口感，具有极高的知名度及美誉度，并入选国家地理标志产品。《横州志》记载，南宁、镇南、田南（右江区）出产扁桃（柳叶芒）“冬不凋”，最好的食用方法为“熟则自落，藏一、二日，肉成膏液，味甜而甘，如摘食之则酸”。芒果还可制成罐头、果酱，或盐渍供调味，亦可酿酒。果皮、果核可入药。叶和树皮可作黄色染料。芒果树冠球形，常绿，郁闭度大，为热带良好的庭园和行道树种。芒果树为三中校园的主要树种，每年芒果成熟的季节也是同学们学业丰收的季节。

·撰写／覃艳妮

檀香山竹枝词十首（其八）

〔当代〕罗锦堂

雨后残霞无限娇，

夕阳依旧在山腰。

彩虹谷里闲行遍，

芒果香甜满树梢。

芒果为热带水果，汁多味美，相传早在唐代时就已经由高僧玄奘传入中国。芒果的引进是中外友好交流的成果之一。

每到芒果成熟的季节，甜蜜而沉甸甸的芒果挂满枝头，诱得行人垂涎。诗人罗锦堂在骤雨过后所见的芒果，盈满树梢，更是惹人喜爱。

三中的老芒果树见证了这所广西名校的奋斗历程，在冲刺拼搏的六月，这挂满枝头的芒果，就是对奔跑中的孩子一份无言的祝福。

·撰写 / 唐浩源　绘画 / 李锦熊

芒果印象

在南宁，想吃芒果是一件很简单的事，即便是在早已过了本地芒果采收季的 11 月，也可以在各色水果摊上看见芒果的身影。不过，在我的感觉中，芒果还是和夏季紧紧关联着的，夏季的芒果才是当家的主角，其他反季节的芒果就像混血儿，算不得正宗的芒果。我作为生在南宁、长在南宁的南宁人，在这个会用扁桃、芒果这些果树做行道树的城市生活了十几年，对芒果自是不陌生，但我关于芒果的印象主要是来自水果摊上那些光鲜亮丽的样品，或者电视节目上那挂满枝头、生机勃勃的芒果影像。然而，进入三中学习的这一年半中，校园里的芒果树却不断刷新着我对芒果的印象，形成了独属我自己的三中芒果记忆。

三中是一所百年老校，迁址至南湖之畔也已经半个多世纪。三中的芒果树是老树，看年纪说不定比我爷爷奶奶都要年长。听老师说，三中搬到现在的青山校区时，它们就在这里了。这些是广西本地的土芒果树，结的芒果又小又丑，不同于那些经过嫁接改良、甘甜可口的桂七芒、青皮芒、台农芒……校园里的这种土芒果啊，个头不大，皮厚核大肉薄，纤维粗且多，完全激发不了食欲。芒果树三四月开花，正是南宁多雨的时候，小小的芒果花仿佛要被雨丝融解一般，又像春日的挽歌，飘零在浅水低洼处。有那禁得住风雨考验的，就傲立枝头，拼尽全力要给校园的六月一个果实累累的图景。三四月，当最后一捧芒果花纷扬而下的时候，小小青芒已经在不知不觉间蹿上了枝头。小芒果的颜色和叶子的颜色太过相近，在黄熟砸落之前很容易让人忽略它的存在。三中的芒果属于天养型，不需要靠颜值赢得市场认同，没有保护罩让它免于树胶的打扰，也没有果农期待丰收的热切目光肯定它的价值。这里的芒果树开花时开得特别尽兴，结果时也结得特别随意，大大的树冠，东一串、西一簇，有的果合理分配着向阳的权利，有的果就不管三七二十一，挨挨挤挤地全奔着一个地方长。有的果子挤成不圆不扁的样子，有的果子表皮上留下小鸟的啄痕，很多果身上都有黑黑的斑点，仿佛满脸斑痦，真够丑的，丑得我都不愿意多看一眼。

三中的芒果给我的另一个印象是破和烂。那高挂枝头的芒果是可望而不可即的，不在我的注意范围内。我经常近距离看见、能够触碰的，是那些成熟或者即将成熟，自主掉落，或被一阵风吹动、被小鸟啄动，砸落在地面上的芒果。牛顿被苹果砸中，催生了万有引力定律；被芒果砸中的我们，定律什么的自然是生不出来了，生出来的惊、喜、愁等各种滋味，留在高中的记忆里，留在闲谈的话题中。记得有一次，我和朋友小杨在校道上行走，因为聊到开心的话题，便想暂时停步，聊完再各自回家。在脚步将停未停之际，一个熟透的土芒果砸在面前。它那样毫无阻碍地掉下来，发出一声不小的闷响，吓得我们惊叫了一声。我俩面面相觑，倘若上一秒没有驻足而被砸中了呢？那糊在地上的黄色果浆、那黏稠的树胶，是不是就得糊在我们的头上或者衣服上？被想象的画面弄得起鸡皮疙瘩的同时又觉得庆幸、好笑，我们不由得笑起来。后来登上我们校园的表白墙，才知道有许多同学也像我们一样，和三中芒果在校道上有这样或那样的偶遇。不过，要说对三中的芒果印象最深的时候，还得数在六七月份值周的时候。南宁三中的值日生应该最讨厌烂果了。

每天清晨洒扫校道，都能在校道上扫出不少落果。当然，也不全是芒果，熟透的扁桃、杨桃也会在落果堆里凑热闹。砸落沥青路面的芒果当然免不了身破汁流的结果，再加上小鸟的啄食，破和烂成了值周期间我对芒果最深的印象。我们以校道为战场，以扫帚和簸箕为武器，烂芒便是劲敌，打扫战场，我们也只能收走它无魂的骨肉，校道上那些粘连不净的汁液，只能等候雨水的清洗了。夜来风雨声，果落知多少，落果成了校园的一景，提防头上落果也成了很多学长学姐毕业多年之后依然津津乐道的话题。

三中芒果给我的第三个印象是惊艳。没错，就是惊艳，这种印象的产生源自一份惊奇。现在，大家的生活水平普遍提高了，在广西这个盛产芒果的地方，实现芒果自由还是没有问题的，谁还会去捡掉在地上的烂芒果？更不用说还有蚂蚁、苍蝇之类的小动物在一旁虎视眈眈。可是啊，我却在校园里不止一次见到捡拾芒果的人，有老师，有学生，还有来校园散步的教职工的孩子和带他们的保姆阿姨。一个阿姨说，捡芒果可是有讲究的，想拿来腌芒果酸的要挑硬的，生、嫩为佳；要想吃新鲜的，黄了软了却没有爆开的最好，微裂且有点浆汁流出的最甜。我看见每个捡起那些果的人，脸上都是笑意。嘴馋爱玩的孩子也就罢了，怎么连开着车上下班的大人，也会因为校道上的一个落果开心，这就让我很奇怪了。

我的母亲任职的大学在绿城接近郊外的地方。一次，我们开车去接她下课，她带着塑料袋响动的声音上车，我妹妹以为是什么好吃的，赶紧去扒塑料袋，原来是刚捡来的扁桃。母亲说："别的老师也捡，我就也捡了一些，路上都是呢！"她的话再次勾起了我的好奇心：怎么大学老师也这样，难道捡来的就真的比买的香吗？可是，看着母亲说着扁桃的来历时，那嘴角微翘的开心模样，看着小妹就着母亲的手吃扁桃那有趣的样子，我似乎有些明白了：捡落果，捡的其实是一份好心情吧。这样的光景，或许在绿城一切有果树的校园中都是共通的。

于是，某日，在校道边的草地上，我捡起了一个黄熟、微裂、不到一个拳头大的芒果，用指尖开一个小口，再像打开一个口袋一样撕开它。小心剥开厚厚的皮，果核很大，我小心地低头在纤维交错的果肉上咬上一口——好香啊！甜中微酸，果香四溢，带着野生的、不经修饰的懵懂欢愉。这种土芒果因为纤维多且粗，不能咬食果肉，只能用牙齿顺着纤维的走向把薄薄的一层果肉啃下来，吃出一种汁水淋漓的狼狈感，又带着一种无法言说的畅快，仿佛芒果天生就该是这样吃的，不用刀叉伺候，不必切成小块（土芒果则是不能如此），小口慢嚼以示优雅。在吃芒果的这一刻，其他一切都虚化成背景，为了避免黄黄的汁液弄脏衣服，你只有全神贯注。这一刻，仿佛只有我和芒果的纤维、汁液在做着酣畅淋漓的搏斗，这种感觉让我觉得新奇，也让我觉得惊艳，吃个芒果，居然吃出快意江湖的感觉。这日日常见、年年都有的芒果啊，也许，我应该对它有一番新的认识了。

校园办公楼后的停车场里有一株瘦弱的银杏，这是我在高一散步时发现的，我把银杏叶拾起封装，寄给远在凤岭的朋友，还特别备注：这是三中特有的银杏。等到高二上学期段考，我再去时，发现那棵银杏不见了，只留下一截切面已经氧化发黑的树桩，而我寄给朋友的那一片叶，竟然就此成了树的绝笔，连我自己都未保留它来过的印记。再回头看那年年发新芽、长得张扬恣肆的老芒果树，不禁生出了这样的感慨：老而弥坚，原来是这个样子啊。

都说树老通灵，三中的这些老芒果树，陪伴了一届又一届的学子，应该也通灵了吧。靠近高三教学楼的芒果树，树冠有三四层楼那么高，那些年年如约而至的芒果，陪伴高三的学子度过他们艰难的备考冲刺期，也见证了他们的欢笑和泪水。每一届三中学子，都在这里度过生命中最重要的三十分之一，最美的青春影像应该都存在老芒果树的记忆里了。果树无言，静静立于校园，倾尽所有，为每一个夏天奉献自己的风景。正如我们，不遗余力地争取更光明的未来，在每一个去年、今年与明年，在我们未到的、尚在的、离去的时光里。明年的夏天，这里会再次迎来它的盛季，不是吗？

谨以此文祝贺三中 125 岁生日。

·撰写 / 尹伊君

樟

樟／学名：*Camphora officinarum*

樟科樟属常绿大乔木，高可达30米，树冠广卵形，它的树枝、叶片以及木材上都有樟脑气味。树皮为黄褐色，上边有不规则的纵裂；顶芽为广卵形或圆球形，鳞片为宽卵形或近圆形，外面有一些细小的绢状毛。樟具有发达的主根系，在土壤中扎根很深，因此当强风来临时比一般树种更抗倒伏，而且寿命较长，最长的可达到1000年。樟的全身皆可入药，有祛风散寒、理气活血、止痛止痒、杀虫等功效。樟是中国南方最常见的绿化树种，广泛用作庭荫树、行道树。在三中青山校区，樟主要分布在校门口校道两边以及教职工宿舍前，有樟必有才。香樟是古代贤才之代称，与松柏都是理想的比德树木，将其种植在校园寓意学生都有国家栋梁之气，终能任国之大事。

· 撰写／蒋小丽

樟树

〔宋〕舒岳祥

樛枝平地虬龙走，

高干半空风雨寒。

春来片片流红叶，

谁与题诗放下滩。

樟是中国南方最常见的绿化树种，广泛用作庭荫树、行道树。舒岳祥《樟树》中的“春来片片流红叶，谁与题诗放下滩”，体现了古代文人墨客对樟树的欣赏，这也说明了樟树的又一种价值——可供欣赏。

樟树是一种景观树，寓意长寿、避邪、吉祥如意。樟树枝叶非常茂密，树姿很壮丽，因此它象征着正直与和平，同时又象征着坚韧。这是一种常青树种，初夏时会开出花来，树冠也非常广，枝叶长得比较茂盛，非常适合做庭荫树或行道树。

·撰写/苏　畅　绘画/刘蓉蓉

顽强生长的樟树，向阳而生的我们

樟树在大自然中始终以顽强的生命力不卑不亢地活着。古人常常赞美香樟树朴实、顽强、内敛而不张扬的品质，白居易《寓意诗五首》中的“豫樟生深山，七年而后知”描写的正是樟树。它生长在深山中，凭借自身顽强不屈的秉性，在黑暗中扎根、在困难中成长，韧性与毅力是它的养料，让它能够绽放自我。

李京文，著名经济学家，也是我们南宁三中大家庭中的一员，他如樟树一般百折不挠、坚韧不拔。

李老师出生在一个红色家庭，作为无数青年学子中的一员，他也同样怀着绚丽多彩的梦想，那就是成为一名作家。但正如他本人曾说过的那样：“我生长在战争与动乱频发、国弱民穷的年代，是中国人民被压迫、被侵略的年代。”白色恐怖期间，他的父亲李耿毅然决然地与国民党进行艰苦卓绝的革命斗争，并曾两次被捕入狱。父亲入狱期间，李京文主动申请到狱中陪伴父亲。这是一段很艰难、很紧张的日子，李京文不仅需要陪伴父亲，而且还需要更刻苦地学习，保持一个好成绩，从而让学校支持他在监狱和学校之间来回跑。他从小就受到家庭的耳濡目染，乐观向上、坚韧不拔、勇往直前、顽强拼搏的精神已经深深地扎根在他的心中。他用自己的方式反抗国民党反动统治，与进步同学组织了一个社团。在那里，青年们出墙报、演话剧、反内战，他与在外抗争的其他革命人士一起为争取民主作出贡献。

正如他的家庭对党、对人民忠心耿耿那样，他也对伟大的祖国抱着一颗忠诚的赤子之心。他的梦想，曾是执笔挥洒松液，书一段自己的传奇；曾是一览千年历史，究天人之际，通古今之变。但位卑未敢忘忧国，他面临着专业选择的时刻，正是中国需要经济建设人才的时候。在家人的鼓励下，他踏上了专攻经济学的道路且成功得到了去苏联留学的机会。他肩负着祖国和人民的期望，刘少奇同志曾叮嘱他，考 5 分、4 分都可以，但如果考 3 分、2 分就自己卷铺盖回国。这当然是一种压力，可是，他的碧血丹心激励着他持之以恒地向前，最后他成功地取得了优异的成绩，光荣地回到了祖国。

李京文在如此艰难的情况下养成了与困难抗争的韧性与毅力，正如樟树的成长那样，无数的挫折化为了它的养料，“凡不能毁灭我的，必能使我更强大”。希望我们每一个青年学子都像李老师那样，少立壮志、为国报效，吾心一片磁针石，不指南方不肯休。

陈刘俊，南宁三中 2010 届校友，2010—2017 年在武汉大学本硕连读，病毒免疫学硕士。

在新冠疫情暴发的初期，陈刘俊学长所在的武汉市第四医院检验科病毒核酸检测组奋斗在了抗疫的第一线，主要负责新冠病毒核酸的提取和检测工作。他曾经在央视新闻的采访中说道："在这场'战疫'中，首先要做的是发现'它'。"通过检验科的病毒核酸检测，阳性才能确诊，进行针对性更强的治疗。由于病毒核酸提取几乎需要与病毒"零距离"接触，稍有不慎就会造成实验室人员感染，也很可能因为一人感染而导致组内全员感染。大家都严格遵循三级防护原则，用密不透风的防护服把自己裹成了"太空人"，只为了能让更多的感染者早日确诊并调整治疗方案，也为治好的病人带来连续核酸检测为阴性即可以出院出舱的佳音。虽不直接接触病人，但他们却面临着更大的风险。因此，检验科的核酸检测也被同行公认为可能是最危险的诊疗工作之一。"我和同事们就是那群距离病毒最近的检验战士。"身为党员的陈刘俊主动请缨，冲在抗疫第一线，带头报名第一批参与新冠病毒的检测，为国家为社会安全承担起了重大的责任，为处在疫情的暴风雨中的人们撑起一把保护伞。他如同那樟树一般在平凡中无私奉献，在平凡中创造伟大。

阳光乍泄，浓密的树荫将金光打散，碎落一地金光，空气中弥漫着淡淡的樟脑气味，在金光下氤氲出一点点云雾。粗壮的枝干高耸入云，黄褐色的树皮上分布着不规则的纵裂。我站在树下静静地看着它，思绪早已飘向远方。

说起樟树，可能大家首先会想到樟脑和樟油。是的，樟树对人类的益处不言而喻。而我要说的，是樟树的生长习性和生长环境。

樟树因具有相当发达的主根系，能在土壤下深深扎根，所以强风来临时比其他树种更加抗倒伏。同时其生长速度不快，处于中等水平，寿命较长，最长可达1000年。

樟树这生长习性，又何尝不像人的一生呢？当一个人成长至心性稳定，具有极强的定力和自控能力的阶段，在面对人生的风风雨雨时，就会像樟树一样比其他树种更抗倒伏，而这也是三中致力培养的一种品质。樟树生长速度不快，象征着人的成长也是一个慢慢长大的过程。在漫长又短暂的时间里成长，养成稳定的心性，在面对人生的风风雨雨时就不会轻易倒下，就会从容面对，学会化解困境，从而收获经验，获得活下去的勇气。

樟树在山坡和沟谷上生长，有利于稳定山坡和沟谷上的土石，减少自然灾害；樟树的生长需要充足的光照、温暖的气候和充足的水分，正像青少年也需要呵护和关爱才能健康成长。而它对土壤没有严格的要求且具有抗洪涝的性质则说明青少年的成长不只是需要呵护和关爱，还需要困难和历练。

三中在校园内种植樟树，不只是为了它的观赏价值，更是为了给学生创造充满关爱和挑战的校园环境。南宁三中大力推行“真·爱”教育，坚持以立德树人为宗旨，营造良好的校园环境和友爱的学习氛围，同时开展丰富多样的大型活动，为学生提供展现自我、挑战自我、超越自我的平台，提供培养团队合作精神和领导能力的契机，致力于培养具有理想信念、过硬本领、奉献精神和勇于担当的时代新人。

我仰起头，看着高耸入云的樟树，耳边仿佛响起了开学典礼上校长的谆谆教诲。既有幸入三中，便不辜负这美好的环境，美丽的校园，和蔼的老师和友善的同学，我将在这里努力学习，以梦为马，不负韶华，遇见更好的自己。

自三中建校以来，无数三中学子在社会各界各领域燃烧激情，为中华民族伟大复兴毫无保留地贡献自己的力量，推动我国政治、经济、科技、军事的发展。现在我们作为三中的一员，也要以前辈为榜样，传承好他们热爱祖国、忠于人民、甘于奉献、百折不挠的品质，敦品力学、明诚弘毅，做一个有理想有担当的新时代人才，回报祖国，奉献社会！

·撰写／梁　柠　叶雨微　朱婕妤

菩提树

桑科榕属大乔木，幼时附生于其他树上；树皮灰色，平滑或微具纵纹，冠幅广展；小枝灰褐色，幼时被微柔毛。叶革质，三角状卵形，表面深绿色，背面绿色；叶柄纤细，有关节，与叶片等长或长于叶片；托叶小，卵形，先端急尖。果球形至扁球形，成熟时为红色，表面光滑，花期3—4月，果期5—6月。多栽培于广东（沿海岛屿）、广西、云南（北至景东，海拔400—630米）。日本、马来西亚、泰国、越南、不丹、尼泊尔、巴基斯坦及印度也有分布，多属栽培，但喜马拉雅山区，从巴基斯坦拉瓦尔品第至不丹均有野生。

菩提树落户三中，此乃三中师生之幸事，为三中增添绿意，也伴随着三中师生的成长。它坐落在升旗广场西侧，伴随着红旗飘扬，见证着三中学子的家国情怀。

·撰写／黄　欢

菩提偈

〔唐〕神秀

身是菩提树，心如明镜台。

时时勤拂拭，勿使惹尘埃。

菩提偈

〔唐〕惠能

菩提本无树，明镜亦非台。

本来无一物，何处惹尘埃！

“菩提”一词，原意为“觉悟”“智慧”，在佛教中指大彻大悟、明心见性的境界。传说两千多年前，佛祖释迦牟尼在一棵树下静坐七天七夜，大彻大悟，终成佛陀。从此，这种树得菩提之名，被奉为佛教的圣树，与佛教结下不解之缘。而菩提树的意象在古诗词中出现时，往往也带有强烈的佛教文化色彩，不仅指菩提树本身，更蕴含着清净、觉悟等含义。

以上两首佛偈分别表现了佛教中的两种修行观念。神秀之偈，强调“时时拂拭”，渐入悟境；惠能之偈，则主张“见性成佛”，顿悟大道。抛开佛家的种种争论，或许我们能从一个更简单也更直接的角度解读偈中共通之意：如果内心平和虚静，清净自持如菩提、明镜，外界的种种杂念与诱惑又怎能侵蚀我们一分一毫呢？

·撰写／欧阳宁霁　绘画／孙哲熙

一树菩提送流年

记得我初到三中，在校园里漫步时，就被篮球场边栽着的几棵树吸引了目光：树干笔直，亭亭如盖，在夏末秋初的暖阳里尽情舒展着枝条，千万片绿叶被浅金色阳光照彻，绿得堪称澄净。更特别的是树叶的形状：上部线条圆转，极尽丰腴，到末端忽然收成一线。那一瞬我脑海中闪过无数比喻：叶沿的线条像一个郑重写下的问号，叶尖藏着不尽的玄妙；叶端的尖尾又像古帖上缓缓出锋的悬针竖，端庄与灵气相得益彰。莫非是造化钟情，将大美尽集于这一片小小绿叶？

我珍而重之地拾起一片落叶，捧在手中向老师打听它的名字。老师笑着说，那是菩提。

原来它就是菩提。本以为它贵为佛教圣树，应该不太常见，没想到它竟是南方常用的行道树，在人们注意不到的地方默默投下一片又一片绿荫。它不夺人眼球，也不特立独行，只是像任意一种普普通通的树一样恬然自安，安静地享受一抹阳光、迎候一季雨露，在每一片绿叶中孕育一簇生机，动息自适，清净自在。

从此我便对球场边的几株菩提情有独钟，视其如不言之友，常常在此流连，或漫步，或静坐，或在树荫下读一本书，或忙里偷闲与二三好友畅谈于树下，颇为惬意，自谓之“万卷古今消永日，一树菩提送流年”。

阳光灿烂的仲夏，篮球场边的菩提树，见得最多的想来就是篮球健将们驰骋赛场的英姿。午后的骄阳下，闪身，起跳，投篮——篮球脱手，在空中划出一道弧线，利落入筐。掌声、欢呼声、喝彩声同时响起，一刹那惊起群鸟，带着酣畅淋漓的青春活力。若此时恰有长风穿场而过，菩提树便轻轻摇曳，万叶轻响，恰如一句轻柔的道贺。有心的老师曾在这里用摄影机记录下永恒的一瞬：照片一边是球场上的健儿，高高跃起，篮球出手正如流星直奔篮筐；另一边是菩提，树根虬曲如历经无数风雨的老者，枝叶婆娑，沉静安详。静，是菩提无言伫立的身影；动，是运动健儿的年轻之心、跃动之形。静，是少年被快门定格下的永恒青春；动，是菩提老而弥坚、岁岁长青的蓬勃生命力。在那一刻，人与物、动与静不分彼此、同归化境。那是仲夏时节，菩提树下的和谐之美。

若到秋深时，在菩提树下漫步听雨，又别有一番滋味。此时，不再有喧天喝彩，不再有人来人往，唯有雨幕，重重叠叠的深深雨幕，将天地万物笼罩其间。撑着伞，深一脚浅一脚地踏着涟漪，漫步于菩提树下，只要稍稍抬头，就能看到千片万片菩提叶悬垂雨露，滴水声恰如轻拨琴弦。从科学的角度来说，菩提树叶的特殊形态被称为“滴水叶尖”，恰恰是为了满足排水需要进化出的形态。而每每瞥见那修长的叶尾，我总是自然地想起“山中一夜雨，树杪百重泉”。它似乎生来就适合生在阴凉多雨的山中，空山新雨后，每一片叶尾都生长出一道流泉。在深秋仿佛永不止息的潇潇暮雨中，多少花木喟然相对，长吁短叹，而菩提树伫立于雨中，万千绿叶像是无数慧眼，被雨露洗濯得越来越明净。它的目光穿越绵绵不尽的秋雨，凝望被雨幕覆盖的校园，直至东方既白，雨声渐歇。夜雨将尽，而它于喧天雨声中取静，不动声色地诠释着从容、自适的沉静之美。

隆冬时节，雨声不再，众鸟飞尽，万籁俱寂，最适合手捧一本《王维诗集》，独坐于经冬不凋的菩提树下，背倚树干，让思绪暂脱尘网，游荡于诗境之中。王维一生参禅学佛，于纷扰世事中追求内心的澄净，诗篇间闲远自在之意玩味不尽。而四下清静无人，只有菩提婆娑的环境，恰与诗境相合。埋首诗卷，读到“时倚檐前树，远看原上村”时，手中把玩一片落下的菩提叶，抬头望望归于沉寂的校园，便会心一笑，“胜事空自知”之感油然而生；合上书本，闲看白云承宇，暮色渐沉，偶尔有一两个过路人，脑中就忽然掠过一句“行人返深巷，积雪带余晖”。此刻，世界是寂静的，唯有我与身后无言的菩提树，游离于尘网世喧之外，遨游于玄妙诗境之间，与古人心会神交、异世通梦。那是菩提树与我共同领会的逍遥自得之美。

“当待春中，草木蔓发，春山可望，轻鲦出水，白鸥矫翼，露湿青皋，麦陇朝雊，斯之不远，倘能从我游乎?”万物复苏、百卉萌动的春季，与好友相约菩提树下消遣，又别有一番趣味。携手共坐，或讨论没解出的难题，或分享最近读过的好书，或聊聊同学间的逸闻趣事，或干脆什么都不说，静坐树下，共看白鸟翔集、云卷云舒。菩提孟春换叶，此时正是叶落得格外多的时节。金色的心形树叶在空中轻盈飘舞，款款而下，抬手接住一片时恰如扑蝶。将其小心翼翼地夹进书页里，为的是经年后翻开书页，还能想起那个草木蔓发的春日里漫天飘舞如金蝶纷飞的菩提叶，和菩提树下言笑晏晏的我们。那是在菩提树下，一对挚友共同创造的脉脉温情之美。

时光飞逝，菩提树静默伫立，岁岁枯荣。四时更迭间，几棵菩提树见证我从初来乍到、青涩迷茫到日渐成熟、从容自若，见证我披星戴月的奋斗历程，也见证我与同学并肩同行，向老师虚心求教。在菩提树下漫步、静坐、遐思、闲谈的时光里，我将无数心绪与菩提树分享。若当真有“一花一世界，一叶一菩提”，那么也应有一叶记录我的喜悦，一叶倾听我的孤独，一叶承托我的迷惘，一叶见证我的求知若渴…… 大道远行，前路迢迢，菩提树仍在原地暗送流年，而属于我的人生篇章，才刚刚开始。

· 撰写 / 欧阳宁霁

糖胶树

夹竹桃科鸡骨常山属，大型乔木，高可达20米。因全株乳汁丰富，可提取口香糖原料，得名糖胶树；又因木材可为黑板材料，被称为黑板树；还因果实是细长的荚果，也被称为面条树。

糖胶树喜高温多湿气候，广泛分布于两广地区，生存力强。因其对空气污染的抵抗能力比较强，且树形优美，枝叶秀丽，遮阴性好，在广西常被用作行道树。糖胶树能驱蚊避虫，并具有极高的药用价值，根、皮及叶均含多种生物碱，能入药。花期过后，树上会结出长线形的果实，像一条条挂在树上的菠菜味面条。果实成熟之后会裂开，释放里面的种子。它的种子长相奇特，两头都带毛，靠风传播，就像两头的毛毛抬起了中间的种子。

在三中青山校区，糖胶树主要分布在办公楼前和食堂附近，每年6—11月，糖胶树花盛开，是三中不可多得的一道风景线。

·撰写／陈吉欢

糖胶树

佚名

缓步循街逛，扑鼻阵阵香。

身旁无粉黛，四顾少红妆。

暮降馨增重，风息味更长。

心中疑不解，举目见花狂。

糖胶树静静地挺立着，高大的枝干，浓浓的绿冠，给校园带来绿荫、带来清新。在校园众多高大的树中，它并不显得特别突出，它和身边的树木一起守护着菁菁校园。每年夏秋，糖胶树的花悄悄绽放。步入糖胶树挺立的校道，浓郁而苦涩的花香令人疑惑，不知何处有花开。举目仰望，才见那于风中狂欢的热烈的簇簇白花。

糖胶树的花花香浓郁，较为刺鼻，很多人不喜欢这种气味，但它的花香可以抑菌、驱蚊、避虫，并具有极高的药用价值。“我们是一列树，立在城市的飞尘里……我们在寂静里，在黑暗里，我们在不被了解的孤独里……我们仍然固执地制造着不被珍视的清新。”正如著名散文家张晓风在《行道树》一文中描述的那样，日复一日为人们遮风挡雨的糖胶树，从来都是默默奉献的代名词。三中校园中也有众多默默奉献的老师、默默努力的学子，他们坚守本心，不惧流言，积极乐观，昂扬向上。

·撰写/卢玉珊　绘画/肖馨恬

白色苦香沁四方

在三中校园，生长着高大的糖胶树。三中的学子们与糖胶树一同生活，友好相处。粗壮的树干旁，常倚靠着各样的滑板，滑板团团围着树干，给糖胶树增添了色彩。学生们走过路过，放下滑板，再带走，都依仗着糖胶树的宽容。糖胶树下也常聚集着学习的学生，他们捧着书，沉浸在知识的世界里。学生们在树下自在惬意，浓荫下的校园生活悠闲而快活。无人知晓，一场预谋正在暗流涌动。

岁聿云暮，悄入深秋。糖胶树一夜花开，没有预警地席卷这暗绿的树冠，花开得急促而又热烈。细看，花儿宛若一个个白色绣球，花多而密。一团团乳白色抱团而拥，远看像云，似仙似幻。不如其他争艳的花儿那般着满色彩，糖胶树的花层层叠叠傲立枝上，白得温柔，白得夺目，在这清秋做最独特的女王，以最平淡的色彩，展露美丽。

糖胶花沉默了许久，酝酿了许久，在夏秋绽放。无数三中学子亦是如此。悠然的身影常于成片绿荫下晃悠，不急不躁，常来往于图书馆，借出内容丰富的书籍，或科普或侦探或历史或武侠……心灵在文字的点化下渐渐明澈。运动场上，学生们更不会落下强健体魄的机会，你踢球来我接球，你投篮来我盖帽，笑声与汗水挥洒着青春的恣意。树荫下，自习室里，国学园内，校友亭中，常常有看书的、做题的学生，他们有的独立思考，有的相互讨论。校园生活就是这样，每个人都以自己的方式生活着，努力着，厚积薄发的志气在心底沉淀。默默拔尖，最后惊艳所有人，似糖胶花开的一瞬，团团白花尽是笑颜，默默奋斗终得所愿。

糖胶树树冠高大，其花有股奇异的花香，不喜之人常极尽嘲讽。是啊，也许，与众不同引来非议，无征兆的飞跃引来嫉妒。但花儿仍自守芳香，树儿仍昂扬挺立，时间愈长香愈浓，树儿挺着一身傲骨仰天笑。学子们亦无需在意旁人眼光，大可斗志昂扬，迈步向前，像那傲立枝头又纯粹的糖胶花，阳光、自信。

不啻学子受花儿熏陶，老师亦有这般骨气。傲立风雨中的不仅是那抹白，亦有循循善诱、坚定不移的老师。

晨曦伴随着清晨，苦香远送师生。糖胶花装点着清雅的秋，为青春四溢的校园轻抹着温婉柔和的色调。清晨的花香总是娇羞腼腆，较为清淡，它温柔地唤醒还处于蒙眬睡意中的学子。随着皎皎明月升起，内敛的花香变得肆意而张扬，与明月一同攀升，撤去了最后的温柔纱幔。白色的花朵在月光的关爱下显得格外亮眼，阵阵苦香浓烈刺鼻，暗夜的静谧似乎也被吞噬。这般浓烈的苦香让人难耐，或疾步或绕道或掩鼻而行，他们心中都在想——为何校园会种下这样的树？

少有人用心去了解糖胶树。糖胶树的特殊气味来源于其含有的一种化学物质——氧化芳樟醇，这是香水、精油、洗护用品等最常添加的一种成分。因其氧化芳樟醇含量高，所以气味较刺鼻，但这刺鼻的气味还能驱蚊避虫。糖胶树像是天生就要成为行道树一样，不仅生长快、树形好，且抗风力强、病虫少、庇荫良好，几乎具备行道树应该具备的所有优秀品质，因而校园绿化少不了它。而且，切开糖胶树的树皮或折断其树枝，会发现断口分泌出大量的乳液。这些乳液被当作口香糖的主要原料，有极高的经济价值。现代科学证实，糖胶树的树皮和树根、树叶含有多种生物碱，能镇咳、消炎退热、止血生肌，用于治疟疾、气管炎、百日咳、哮喘、外伤等，全株皆可入药。

全身都是宝的糖胶树默默承受着不解、厌恶的目光，仍旧恣意生长，灿烂开放。我喜爱的一位老师也是如此。

半个学期过去了，班里换了一位老师。同学们对新来的老师心怀抵触。课堂上，她响亮的声音似乎能穿透一切，唤醒瞌睡的同学，如糖胶花的苦香，但同学们认为那是咄咄逼人的汹汹气势；她布置的作业有针对性，量不少且及时检查，但同学们认为那是苛刻；她的眼睛永远炯炯有神，目光总是那么犀利，常常主动找学生了解学习情况，但同学们认为那是多此一举，过于严厉。同学们提起她的语气、眼神如同提到糖胶花一般，不喜、不屑。

学期末，老师在课上说："我知道你们讨厌我的严苛，但为了把你们这最落后的一门功课提上来，我只能这样……老师下个学期要调走了，老师没想让你们记住师恩什么的，记住我讲的知识就好了……”她的眼神柔和温暖，水汪汪的眼睛似糖胶花浸润了露珠，嘴角轻扬的苦笑，宛若糖胶花独自盛放的孤勇。她就是那洁白的花儿，雅致淡泊，虽放苦香，却沁四方。

同学们醒悟、惭愧、感动，为老师的用心、苦心，为她糖胶花般的品格：不顾世俗眼光，不改从业初心，不因奇特气馁，不为流言自卑，崭露锋芒，造福众生。她柔弱的身躯忽而在我眼前高大起来，这样一位老师，难道不值得敬畏？这样一缕苦香，难道不值得赞赏？这样一种精神，难道不值得追求？糖胶花在校园释放独特花香，老师在校园默默用爱感化学生。一夜风起树树花开，一念春秋师恩难忘。正如：

暗潮深涌于校园，斗志积淀于心间。

昼夜不息润清新，白色苦香沁四方。

不闻真心赞语声，浓郁隽永刻鼻腔。

莫问苦香奇何在，唯有苦者知其源。

·撰写 / 卢玉珊

木樨

木樨／学名：*Osmanthus fragrans*

唇形目木樨科木樨属，中国传统十大名花之一，俗名桂花。其叶片对生，质地较硬，边缘锯齿状，深绿色，经冬不凋。桂花虽小却有浓郁的香味，花冠合瓣四裂，其园艺品种花色繁多，具代表性的有金桂、银桂、丹桂、月桂等。桂花是集绿化、美化、香化于一体的观赏与实用兼备的优良园林树种，它的花不但可做香料，还可泡桂花茶，制成桂花糖等美食，深受国人喜爱。三中青山校区许多地方都有桂花，例如网球场附近、G栋宣传栏两侧、A栋前的小树林等。每年中秋前后，三中校园里便弥漫着桂花的芬芳，令人陶醉不已。

“暗淡轻黄体性柔，情疏迹远只香留。何须浅碧深红色，自是花中第一流。”在桂花的芬芳中熏陶的三中人也当有桂花之精神，不求鲜艳夺目，但有暗香醉人，自是人间另一种一流。

·撰写／封志勤

鹧鸪天·桂花

〔宋〕李清照

暗淡轻黄体性柔，情疏迹远只香留。

何须浅碧深红色，自是花中第一流。

梅定妒，菊应羞。画阑开处冠中秋。

骚人可煞无情思，何事当年不见收。

绝大多数咏物的诗词都直接描摹物的形状，抒发感情。李清照的这首《鹧鸪天·桂花》打破了传统咏物诗词的写作格套，以议论入词，又于议论中抒发自己的情感。“暗淡轻黄体性柔”描写的是桂花的颜色与体性。桂花的颜色有暗黄、淡黄和轻黄等，体性柔弱，性格和顺，性情是何等的萧疏，以至于远离尘世！尽管远离世俗，但它的清香却久久存留于世间。李清照仿佛在暗指自己和丈夫赵明诚摆脱官场上的尔虞我诈，逃离凡俗的纷纷扰扰，沉醉于书斋的金石书画，给生活平添了无尽的雅趣。接着转入议论，她认为花外在的美并不比内在美重要。桂花无须像别的花一样凭借妖冶的颜色来夺人眼球，因为它内在的品格就是花中的第一流！“梅定妒，菊应羞。画阑开处冠中秋。”李清照以梅和菊反衬桂花，认为梅花和菊花一定会在桂花面前心生怨妒、自惭形秽。接着又从桂花盛放的时令入手，盛赞桂花无愧为中秋的花魁。“骚人可煞无情思，何事当年不见收。”据说屈原的《离骚》广罗香花，以香花来比喻君子的美德，但却未将桂花收录其中。于是她毫不留情地批评屈原缺乏情思，竟然没有收录清雅自芳的桂花。这首词描摹了桂花的颜色体性，层层议论，以旁花作衬，点评前人，表达了词人对桂花的赞美和卓然不群的审美体悟。

·撰写／陈建伟　绘画／黄方园

浓浓秋意里，皆是桂花香

盛夏尾声临近，秋意悄至人间，馥郁的桂花香气飘满大街小巷。走在桂树浓荫下，桂花香夹杂在习习清风里，令人陶醉其中。

古人早已懂得赏桂花之美，历来咏桂之词多如牛毛，“绿云剪叶，低护黄金屑”“绿玉枝头一粟黄，碧纱帐里梦魂香”“叶密千层绿，花开万点黄”都是描写桂花之色，“绿叶争风遮娇芳，花味袭人露浅黄”“卖花人试卖花声，一路桂花香进城”“胚浑天地中央色，漏泄神仙上界香”则是赞美桂花香之馥郁。桂花即使没有明亮夺目的颜色，却秉性温雅柔和，远迹深山，唯将芳香赠与人间。

“桂子月中落，天香云外飘”，桂花清可绝尘，浓能远溢，自古以来就受到人们的喜爱。唐宋时人们为月中桂树演绎出无数个版本的传奇故事，对月中桂树的存在深信不疑，称月中桂树为娑罗树、骞树，称月亮为桂月、桂宫、桂轮等。月中桂树的果实每年四五月飘落人间，即月中桂子。

诗人也常赞誉桂花品性。谢懋的“占断花中声誉，香与韵，两清洁”言简意赅道出桂花的佳处，为何桂花能占断花中声誉？因为它兼具香气和风韵，其高风亮节令诗人也不禁赞叹一句“胜绝”。李清照则说桂花“自是花中第一流”“画阑开处冠中秋”，赞美桂花气质淡然柔和的内在美理应是百花之首，桂花色淡香浓，馥香自芳，淡然幽雅，不与百花争色艳，只在远迹留人香。

淡然从容的桂花也象征着君子低调内敛和高洁坚贞的品格，它从不与春日百花争奇斗艳，而是选在秋天默默开花，在不起眼处默默伫立，不急不躁，静待芳华，散发醉人的香气，似君子谦虚内敛，以风度和内在不动声色赢得诗人词人的喜爱与赞誉，冠首秋意正浓之时。

我国民间栽培桂花起源于宋朝，到现在已经是大街小巷随处可见。也许在某个不起眼的巷子口，有一棵桂花树静静伫立，将或浓或淡的香气赠与清风。秋风将城市卷起，卷进桂花味的清风里。有人说，桂花香是秋天的味道，但它不仅仅是秋天的味道，也是勾起人回忆的味道。

闻到桂花香，我总会被勾起童年回忆。小时候住在狭小拥挤的城中村里，巷子口有一棵高大繁茂的桂树，我总喜欢和邻家的小孩子在巷口的桂树下嬉戏玩闹。夏季酷热，十几年前的城中村里还没几个人装空调，许多老人家就喜欢聚在桂树荫下纳凉、聊天、吃西瓜。炎热未去的秋天里我喜欢在桂树下的石凳上逗蟋蟀，遇上两三个小伙伴还可以一起追逐打闹，旁边的长石凳上时常有白发老人躺着闭目养神，手里还时不时摇着蒲扇。清风忽至，阵阵浓郁的桂花香扑鼻而来。

到了深秋，尤其是秋雨过后，柔黄的星星点点的桂花便簌簌飘落，潮湿的地面铺上了柔黄色的地毯，桂花香气弥漫在雨后清冷的空气里。

后来我上了小学，离开了拥挤的城中村，离开了那棵桂树静默守护的巷子口，嬉戏玩闹的场景也在记忆中逐渐远去。小学的升旗台旁边栽着两棵瘦弱的桂树，树干纤细，树皮颜色偏浅，整棵树也很矮小，应该是新移栽的。秋意渐深，花香渐浓，坐在教室里，忽而一阵轻盈舒缓的气味流入鼻腔，沁人心脾。要是站在桂树下，香气会熏得人头昏脑涨。花期将尽之时，金桂浅黄色的星星点点的花瓣铺满了花坛边，香气早已赠与秋风，不似先前那般馥郁。每天清扫花坛的值日生将零星散落的花瓣堆起，铲进垃圾车里。最后零星花瓣无人问津，只留了一路清香。

高中的宿舍楼下也栽有桂树，和小学时的那两棵桂树有一样的花香，偶尔经过时能闻到淡淡香味。也许是因为它把香气慷慨地馈赠给太多的人，所以它的香气格外淡。我至今尚不明这棵桂树到底在哪，也很少能闻到香味。宿舍楼下的植株都不高大，一眼瞧去都是一层层深绿色的叶子堆叠起来，而我很艰难地在那片深绿中找到一点浅黄。但是也有人从不知道它的存在，也许是因为在学校的每天充实而忙碌，几乎没有闲暇时间去认真观察这些细微的事物。不可否认的是，高中生活里充斥着沉重的学习压力，似乎所有人都在忙碌于繁重的课业。有人执着追求理想，有人渴望诗和远方，这两者在繁忙的生活里似乎不可兼得。其实不然，闲暇时乘着凉爽的秋风散步，回到宿舍楼下与夹杂桂花香气的晚风抱个满怀，傍晚看到夕阳留下的滚烫云霞，这些不经意里的惬意其实常伴我们，认真观察，那些寻寻觅觅而不得的也许就在眼前。

南宋词人刘过的《唐多令·芦叶满汀洲》“欲买桂花同载酒，终不似，少年游”，写出了词人想要重温年少时与友人结伴同游之乐事，买桂花，带美酒，水上泛舟，但终究没有少年时的意气风发。即便是买了桂花，带上美酒，泛舟湖上，也无法重回年少，历经沧桑后再不复当年鲜衣怒马，只是徒增悲凉。幼时巷口的桂花香，小学时代的桂花香，到现在宿舍楼下的桂花香味，似乎从没有变过，但是那惬意美好的年少时光就像刘过的“终不似，少年游”一样，再也无法复刻，只能留在回忆里不断临摹。

正如君子那样，桂花不急不躁、从容淡定地修炼自身，默默无闻地散发着令人喜爱的馥郁花香。我们为人也应如桂花那样，有自己的信仰与追求，丰富自己的内涵和修养，不要急于求成，沉下心来等待，香气自会从灵魂深处散发。

·撰写 / 黄冬莲

鸡蛋花

鸡蛋花／学名：*Plumeria rubra*

夹竹桃科鸡蛋花属，落叶小乔木。枝条粗壮，带肉质；叶厚，中脉在叶面凹入，侧脉两面扁平。聚伞花序顶生，花梗淡红色；花萼裂片小，卵圆形；花冠外面白色，花冠筒外面及裂片外面略带淡红色斑纹，花冠内面黄色。

鸡蛋花可熏制香茶，提取香精，制成高级化妆品、香皂等。木材白色，质轻而软，用于制乐器、餐具或家具。鸡蛋花的鲜花晒干后泡水饮用，可预防中暑等。其树皮、树叶都具有较高的药用价值。鸡蛋花性耐干旱，抗逆性好，具有极高的观赏价值。整株树显得婆娑匀称、自然美观；树干苍劲挺拔，很有气势；树冠如盖，满树绿色；开花后，满树繁花，花叶相衬，流光溢彩，花清香淡雅。鸡蛋花春天花繁叶茂，夏秋飘香起舞，冬日沧桑挺拔如贤者般伫立，陪伴三中学子们茁壮成长，具有优雅、坚强不屈的精神。

·撰写／何　炎

鸡蛋花

〔当代〕程海潮

鸡蛋花开夏日芬，
黄心白瓣叶葱茏。
莫忘选择常温地，
更喜强光莫闭风。

她在枝头葱葱茏茏地盛开，在夏日散发出清新的芬芳，嫩黄的花心，莹白的花瓣，仿若在炎热之夏落了一场细细密密又馥郁的小雨。本诗以平实的笔调从香气、外观以及适宜环境出发，总体介绍了鸡蛋花——似乎是普通平凡的一株花，随处可见她挂在枝头，却又不由得让人心生感叹。她似一双长着薄茧的手，目光一触及，就轻轻地抚平了内心的焦躁与不安。

·撰写 / 陈蕊蕊　绘画 / 雷嘉文

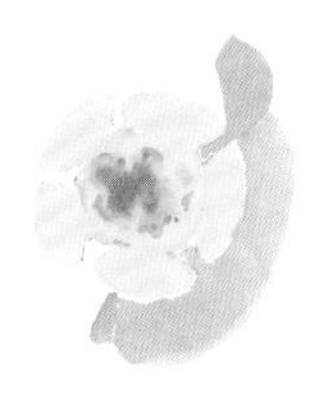

纯洁可爱的它

生活中常见的有亭亭玉立的荷花，有娇艳美丽的玫瑰，也有粉嫩可爱的樱花，但我最喜欢的是纯洁可爱的鸡蛋花。

我们的校园里常常可以见到鸡蛋花。这种树没有木棉那样高大挺拔，也不像榕树那么枝繁叶茂，看起来很不张扬，但是却有一种别样的美丽。

它的树形很漂亮，自然而然地就长成一种花冠的形状，仿佛被修剪过的盆栽一般。它的树干挺拔，树上的枝干都斜着向上生长，像昂着头对着天空招手的少年。叶子都生长在枝头上，越往上越茂盛，又尖又长，微风轻轻一吹，像在河中荡漾的轻舟。最顶端的枝头特别翠绿，我好奇地用手把它拉下来，惊奇地发现枝头的形状像在热带雨林飞翔的鹰的尖爪。枝头上鸡蛋花开始争先恐后地抽出来，我细细数了一下，每条枝头上都有十个以上淡绿色的像钻头一样的花苞。树皮呈现出有光泽的浅灰色，树叶是浅浅的绿色，很密集，却又错落有致，就这样，鸡蛋花装点着校园。

进入春天，校园里中心广场上的鸡蛋花像疯了似的，硬是挤满了枝丫。在浓密的绿意中点缀着一点鹅黄，配上鸡蛋花树矮矮的身形，圆圆的脑袋，显得格外可爱。

鸡蛋花，虽然你并不显眼，但你大方淡雅，花开时芬芳满树，简简单单的五片花瓣，让人感到清新、充满希望。

盛开的她和它

他又一次看到了鸡蛋花。

九月的太阳还极为热烈，鸡蛋花也正开得热烈。来时，落日已经西斜，在鸡蛋花和地面上烫下一层泛红的金黄。鸡蛋花喜好高温，在燥热的空气里微微颤抖，伸着懒腰。饭菜的香气正从旁边的食堂里飘来。氤氲的人间烟火，清香的甜美花朵，微醺的日光，他真的很难不睹物而念起那段泛黄的时光。

鸡蛋花，打小奶奶就教他认识这种植物。那时还正值严冬，北风烈烈，鹿角般的树枝轻轻地敲打着，“嗒，嗒”。

他好奇地问着奶奶：“奶奶，这棵树怎么光秃秃的呀？旁边的树都还有叶子呢！”

奶奶莞尔道：“这种树叫鸡蛋花，它呀，最喜欢在热的地方了，这么冷肯定没有叶子啊。”

“那热的时候它好看吗？现在光秃秃的，好丑哦。”

“当然啦，纯洁的白里包着热烈的黄，就好像……”奶奶望着那鹿角似的树枝，顿了顿，“像……你最爱吃的煎蛋。”

于是，他开始日夜想着那火热的夏天。

烈日，在阴翳间筛下细碎的光影。奶奶携他出游，他便见到了他曾朝思暮想的花：稚嫩的白里包着喷薄的黄，繁密的绿里发着旖旎的香。他奔跑着领奶奶上前，折下一朵花别在奶奶发间。奶奶笑了，像一朵盛开的鸡蛋花一样。他回头再想赏那花时，却看到刚折的枝头，流出了白白的“血”。

“啊！奶奶，它怎么了？怎么流血了！”他惊叫道。

“哈哈，没事的，你知道它的花语是什么吗？孕育希望，复活新生。来年它会开得更好看的！”

听后，他默默地念着“孕育生命，复活新生”，而后放心笑起来。

“最是人间留不住，朱颜辞镜花辞树。”九岁那年，奶奶去世。只有清冷的月光窥视到，九岁的小男孩手握几朵鸡蛋花跪在逝人的棺椁旁。只有摇曳的鸡蛋花聆听到，男孩细小的哭泣声，和低声埋怨鸡蛋花的哭音：“不是孕育生命吗？不是复活新生吗？你倒是展示给我看看啊。”

后来，他只记得他求着爸爸妈妈在墓的附近种下鸡蛋花。若逢人问起，他便说：“奶奶只是变成了一树鸡蛋花。我们还没有说再见，对我来说就不是真正的离别。”

现在，他猛然从回忆中惊醒，不觉折下一朵鸡蛋花，可他所别花的人早已不在。他继续穿梭于校园中，回到三点一线的生活。只是，他总会回到中心广场，看望盛开的她和它。

孕育希望的它

鸡蛋花，花如其名，花朵外白内黄，就像是鸡蛋白包裹着蛋黄一样，十分别致。

它没有神秘的传说，没有优雅的气质、高贵的芳姿，只有着很简单的外表，用五片花瓣组成了一个清新、充满希望的花语——孕育希望，复活新生，寓意着坚持下去希望就在眼前。

刘备曾经两次得到过徐州，但很快又失去了，此后的大半生一直颠沛流离，没有一个稳定的地盘。刘备一生中投靠过公孙瓒、袁绍、刘表、曹操等枭雄，大部分时间过着朝不保夕的生活，但他从不随波逐流，心中一直有着坚定的信念。即使在最艰苦的时候，在生死边缘，刘备也一直相信自己能够兴复汉室。正是有着这样的坚持，刘备身边聚集了大批志同道合的能人，经过艰苦卓绝的奋斗，最终创立了蜀汉王朝。

欧洲文艺复兴时期的著名画家达·芬奇从小爱好绘画。父亲送他到当时意大利的名城佛罗伦萨，拜著名画家韦罗基奥为师。老师要他从画蛋入手。他画了一个又一个，足足画了十多天。老师见他有些不耐烦了，便对他说："不要以为画蛋容易，要知道，1000个蛋中从来没有两个是完全相同的；即使是同一个蛋，只要变换一下角度去看，形状也就不同了，蛋的椭圆形轮廓就会有差异。所以，要在画纸上把它完美地表现出来，非得下番苦功不可。"从此，达·芬奇用心学习素描，经过长时期勤奋艰苦的艺术实践，终于创作出许多不朽的名画。

鸡蛋花的周围是雪白雪白的，中间明艳艳的黄色，像一团小火苗在闪烁，在跳动。它像孕育希望的火苗，指引我们坚持下去，走向美好的未来。

·撰写／谢祯嘉　谢罗泽瀚　韩诚俊

枇杷

枇杷 / 学名：*Eriobotrya japonica*

蔷薇科枇杷属常绿小乔木。枇杷适宜种植在温暖湿润的地区，在生长过程中对温度要求较高，年平均温度12℃—15℃，冬季不低于-5℃；需水量要求年平均雨量多在1000毫米以上，但春季雨水过多，易使枝条徒长。枇杷的叶片很特别，属于革质的叶片，表面密生锈色或灰棕色绒毛。平常提到枇杷，给人的第一印象就是其黄澄澄的枇杷果实。枇杷果实是比较典型的春末夏初水果，一般在深秋和初冬的时候开花，在5—6月果实成熟。“细雨茸茸湿楝花，南风树树熟枇杷”，每到枇杷成熟的时期，三中E栋教学楼前的枇杷树上挂满了一串串色泽诱人的枇杷果实，让人垂涎欲滴。枇杷果肉柔软多汁，风味鲜美，除鲜食外，还可制成罐头、蜜饯、果膏、果酒等，具有润肺、止咳、健胃、清热的功效。

·撰写/林 靖

初夏游张园

〔宋〕戴复古

乳鸭池塘水浅深，

熟梅天气半晴阴。

东园载酒西园醉，

摘尽枇杷一树金。

枇杷是一种原产于我国的水果，它的果实圆润饱满，色泽犹如黄金，因此被古人称为“黄金丸”，象征财富和殷实富足。宋代宋祁作诗“树繁碧玉叶，柯叠黄金丸”，描绘的就是枇杷丰收时节硕果累累的盛景。戴复古的这首《初夏游张园》更是咏枇杷的名篇，诗人在万物竞发的初夏时节畅游果园，醉酒的疏狂、丰收的喜悦与富足美满的生活之趣，都寄寓在一树枇杷之中。在诗人眼里，枇杷自然犹如黄金。

枇杷不但外表美丽，而且皮薄核小，味道甘甜，还可入药，种植与繁育十分容易，因此赢得了无数古代文人的芳心。南宋大诗人杨万里就是枇杷的忠实拥趸，他曾作诗云：“大叶耸长耳，一梢堪满盘。荔支分与核，金橘却无酸。雨压低枝重，浆流冰齿寒。”明代王象晋盛赞枇杷“秋荫、冬花、春实、夏熟，备四时之气，他物无与类者”。

不同于枇杷果的甘甜喜人，枇杷花在古典诗词中又有不同的寓意。它在10—12月间的寒霜中开放，白色的花瓣、若有若无的细微芳香，“袅袅碧海风，濛濛绿枝雪”，给人清丽高洁、不流于俗的印象。唐代诗人王建在《寄蜀中薛涛校书》中这样描写晚年隐居山林的薛涛：“万里桥边女校书，枇杷花里闭门居。”一代才女遁世离俗的形象仿佛与清丽隽永的枇杷花融为一体。

枇杷以其富贵吉祥和淡雅高洁的双重寓意，成为中国古典文化中一个特殊的意象，在古往今来的名篇中熠熠生辉。

·撰写指导／韦　珺　绘画／洪子慧

仰枇杷之志，感三中情深

125年前，一座校园拔地而起；又是何时，谁带来几株枇杷，把枇杷栽入校道？栽树的人已不知去往何处，往来的人潮却早已不绝。枇杷树，可曾记起迁你至此之人的颜容，可曾在与清风明月守校园时感到些许寂寞？你见证过三中的发展变迁，可记得那些围绕着你的故事，交织成无数欢声笑语……

一、三中人——枇杷树下练长绳

走过孔子像、幽静的竹林，远远地，枇杷树影映入眼帘。早晨的光编织一张细密的网，朦胧的光晕裹在树冠上；而落到了树下的，则成了碎金，洒向四周。鸟鸣声中，我走近，方才看清，是三中的学生们在枇杷树下跳长绳。他们正在为一年一度的校运会做准备。

南宁的秋，依然有曜日烘烤大地，夏日的气息余势不减，依然走街串巷。当然，这对三中的同学们来说不算什么。

“3——2——1——”起跳，落下，起跳，落下……有人绊绳，有人摔倒，有人气喘吁吁，但没有人抱怨，没有人责备，没有人放弃。枇杷树就这样在一旁静静地站着、看着，秋风不知多少次掠过树梢，撩拨青葱的叶，而训练的进程依然没有停止。

噼噼啪啪的声音此起彼伏，甩动不息的粗绳正与时间博弈，学生们的动作也在一次又一次的失败之后愈发整齐划一。每一次跨过粗绳，身上沁出的汗水在日光的映照下，于三中的学生们身上镌刻出不朽的金印，隐隐约约的光，是他们奋斗的痕迹。

训练结束后，气喘吁吁的同学们向枇杷树走来，斜倚在树干上，枇杷树毫不吝啬地张开自己的怀抱，为这些可爱的同学们提供纳凉场所。

夏秋树下有身影，秋冬树上有繁花。烈日下的三中学生，用齐心协力、奋斗不息的品质编织夺冠的梦想；寒风里的三中枇杷，以密密果实、累累金丸凝聚团结的画卷。

阳光明媚，树影婆娑，人树相依，志气、勇气相融、相扶，那是三中记忆里别样的、闪闪发光的一颗星。

二、三中情——枇杷树下品诗文

“庭有枇杷树，吾妻死之年所手植也，今已亭亭如盖矣。”午后的阳光透过疏枝，斑驳地洒进书页，我坐在教室的窗边，细细品读着归有光的《项脊轩志》。窗前，一株茂盛的枇杷树沐浴在温暖的秋阳中，轻轻摇曳。文章里淡而有味、朴而有致的文字，刻画了清疏淡雅的项脊轩。记得一位学长曾说，老师正是在三中校园的枇杷树下为他们讲解了《项脊轩志》这篇课文。枇杷本是无思想感情的静物，而在这篇文章里，作者将它的种植时间与妻子的逝世之年联系起来，想到树长人亡，物是人非，光阴易逝，而情意难忘，不故作惊人之笔，却以枇杷树亭亭如盖的细节，寄托对亡妻的思念与悲痛，道出人间真情。

项脊轩是一间不折不扣的陋室，小小轩室，居然能成为胜境，成为幽雅的书斋。在《项脊轩志》里，归有光的生活是“借书满架，偃仰啸歌，冥然兀坐，万籁有声；而庭阶寂寂，小鸟时来啄食，人至不去”。这段文字，于景可爱，于情则可喜。又因此轩室之陋，更体现归有光闲适的生活情趣，与不随流俗的淡雅的生活态度。

小小枇杷，寄寓着对亲人的真情，也寄托着对生活的热情。我不禁想到老师讲过的三中的办学思想——“真·爱”教育。“真”，即真与实；“爱”，意严与爱。无论是对生活的热爱、对亲人的关爱，还是老师对教育的热情，同学之间的友爱，都在平凡的生活中传递着淡淡的幸福。“真·爱”教育，就是将真爱投入到教育之中，让学生在爱的沐浴下成长。普通的果树都是春华秋实，而枇杷却是秋华夏实，是“果木中独备四时之气者”，这是为了汲四季之精华，让果实拥有更长的生长周期以求其甘美。“真·爱”教育的理念也近乎于此，不求其快，但求其美。或许校园里的枇杷树就是这种教学理念的一种体现。

立于枇杷树下，鼻尖萦绕着枇杷树的清香，我细细地品，慢慢地悟，仿佛也感受到了枇杷树散发的温暖与爱。在这广阔的校园里，一树，一人，心中回荡着“真·爱”的余韵。

三、三中魂——枇杷树下悟精神

南宁三中作为一所百年名校，总有那么一种精神品质始终贯穿历史，贯穿百年；而枇杷树虽平凡，其身上的品格却也流传千古。来到三中，我愈发地感受到三中与枇杷树的共性，那是这所名校与这种古树的秉性和灵魂之所在。

枇杷树原产于亚热带，生长在炎热的南方，可是它结出的果却是清凉的，甘甜的，这是它的一种特性，也是一种品质。它忍受着炽热的阳光，却在自己体内将热气压下，而结出一树清凉。自然而然地，我想到了三中的老师们，一群如枇杷树一样默默奉献的老师们。我曾看见，老师们繁忙得不能按时吃饭；曾听见，老师们玩笑地说着自己很晚的睡觉时间；曾感受到，老师们上课时笑容背后的疲倦……他们十年如一日地坚守在教学岗位上，身上有责任也有压力，但他们走进教室那一刻总是精神抖擞的，面对学生时总是面带笑容的。他们掩盖了自己在无数深夜的疲惫和苦楚，将热情带给学生们，让知识的乐章传遍了整个校园。一个三中老师就是一棵枇杷树。

所谓“名师出高徒”，一大批走出三中的学生们都在自己擅长的领域取得了成就，这与他们的努力也是分不开的。枇杷树开花于秋冬之交，结果于春夏之间，与大多数果树都不同，而它的花期最让我惊叹。枇杷树是果树，却能为一年之末画上绚丽的色彩，其背后是对寒冷的忍耐和抗争，是困难下的坚毅和坚守。三中学子们也是一样。深夜的灯光下，晨曦的光芒中，整齐的书桌前，从来不缺三中学子们的身影。他们光鲜成绩的背后，总是有着许多人想象不到的努力。他们面对困难不退缩，面对失败不气馁，他们如枇杷树，勇敢地迎接着外界的挑战，历练自己，磨砺自己；他们走过三年的旅途，等待着，在那严冬中尽情地绽放。一个三中学生就是一棵枇杷树。

枇杷树生长在三中的校园里，其精神之根也牢牢地扎在了三中的土地上。它们代表着三中老师们的敬业、勤劳、热情的品质，也代表着三中学子的努力、奋发、自强的品格，更蕴含着三中的“真·爱”理念，是三中的精神的象征，实实在在地铸实着、传承着这所学校的内在基因——三中魂。

亭亭枇杷树，师长敦品传关爱；片片枇杷叶，学生力学勤奋斗；朵朵枇杷花，校园氛围悟求真。先生迎风而来，不染岁月纤尘；少年展颜一笑，灿若枇杷花开。

远处的云雾轻拂过青山，橘黄色的日落点缀其间，那些屹立在记忆中的枇杷，在年华里洒落了一地的花朵。三中情深，可比桃花潭水千尺，可比芳草长亭古道，更可比枇杷亭亭如盖。

下辑

蔓蔓日茂 芝成灵华

灌木 藤本 草本

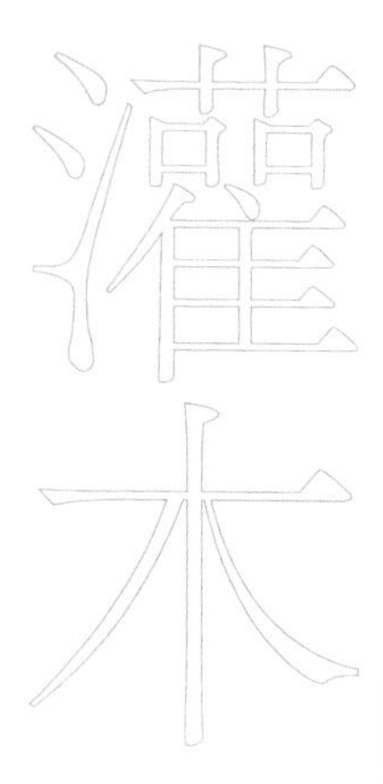

龙血树

龙血树／学名：*Dracaena draco*

天门冬科龙血树属，树干短粗，表面为浅褐色，较粗糙，能抽出很多短小粗壮的树枝。树液深红色。叶绿色，每片叶子长60厘米，宽5厘米。龙血树花小，颜色为白绿色，圆锥花序。浆果橙色。“福如东海长流水，寿比南山不老松”，“不老松”指的就是龙血树。龙血树生长得非常缓慢，树龄可长达8000—10000年，是植物界中的老寿星。

龙血树原产于佛得角、摩洛哥、葡萄牙（马德拉群岛）、西班牙（加那利群岛）等地。在我国华南地区有引种栽培。龙血树喜阳光充足，也很耐阴。龙血树植株挺拔、素雅、朴实、雄伟，富有热带风情，不少人因其特性和寓意将其作为室内植物观赏。龙血树的茎叶和树脂可作药用，树脂还是做油漆的绝佳原料。

·撰写／于荣娜

龙血树

〔当代〕雁翅风

枯干苍枝貌也凡，

谦恭俯首绿云间。

不才痴长八千岁，

沥血修行一万年。

耄耋童髦嬉戏象，

老身朽骨烂柴般。

无为练就心空阔，

守护一方风雨天。

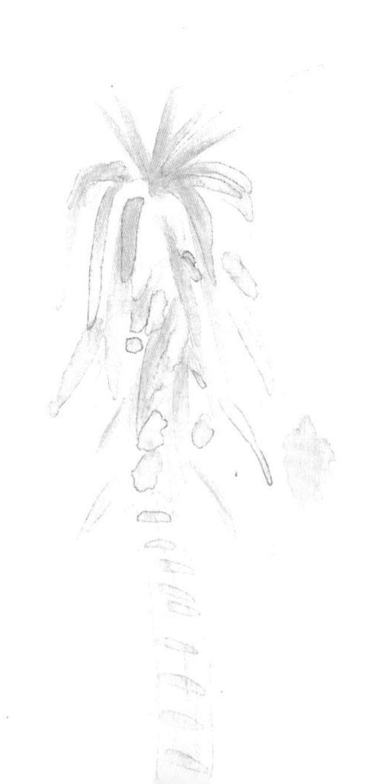

龙血树枝干粗短，树皮粗糙，无论从哪个角度看，大概都只能归入貌不惊人的那一类里。但老话说得好，“人不可貌相，海水不可斗量”，蕴藏在“枯干苍枝”背后的，其实是极佳的药用价值。

要论这奇怪名字的由头，说来也有趣。相传很久以前，巨龙与大象恶战负伤，鲜血渗入土里后，长出了这种树，而若割破树皮，就会流出红色汁液。也正因此，“龙血树”这一名号，便口口相传至今。

龙血树既无冠绝草木的相貌，又无沁人心脾的芳香，它能够在三中立足，我想，大概是每个三中人或多或少，都能从它身上看到自己的影子。一方面，它的长寿是三中悠久校史的象征；另一方面，它平凡勤恳、踏实奉献的品质无时无刻不映射在每一个三中人身上。

· 撰写 / 赵昌熹　绘画指导 / 吴双陶

风雨不摇，岁月不老

时光的脚步春雨般静谧，流云般匆匆。只有当铺洒在地面的阳光被夜幕悄然抽去，当丝丝凉意伴着星的目光来临，我方才如梦初醒，翩风轻柔若絮，却已偷走半个秋季。

深秋渐近，寒意更甚而秋光不减。翠竹林立，苔石闲卧，花枝惊颤，树影婆娑，似乎湖光尚在，雀鸣不息。在三中里，不缺美景，而在群芳百艳的绰约风姿下，龙血树仍能以其别样风采，在草木欣荣的世界里，占有一席之地。

龙血树的叶子一簇簇聚拢在一起，继而又向四面八方伸展开。每一片叶子都有股一触天穹的势头，活像一朵朵绽开的烟火，迸发出的，是不尽的生机，是三中学子们所拥有的无限的活力。

尚在清晨，烟云浩渺，叶影迷离。月还迷蒙着眼，太阳仍在酣眠，三中学子们就已起床，揭起绛青色的夜空，赶赴早读、早操。教室里，书声琅琅，叫醒了昏沉的初日；操场上，动作整齐，划开了天边的黎明。等到正午，四处可见运动的学生。一道道身影在球场上画出美丽的风景线，一名名跑者在跑道上不懈奔跑，一个个队阵踩着节奏不断跃过跳绳。

破空声在耳边响起，那是风的低吟，是奋进快活的乐曲。一步、两步，脚下不断跳动着的，是活力的音符。和煦阳光下，滴滴汗珠皆映射出青春的色彩。

而龙血树的枝干，则是常年披着一身朴素布衣。光是挺拔的身躯、厚拙的粗甲，就已让人充分感到那份端庄肃穆。至于附着其上的鳞状纹理，则更是神来之笔。如此看来，那份勇敢坚毅、不惧艰难的气质，已然弥散开来，深深渗入每个三中人的血液里。

运动会时，天公不作美，接连不断的淅沥小雨打乱了比赛节奏。阴云塞满了整片天空。冷雨霏霏，在屋檐瓦片上不无得意地打着节拍、吹起口哨；冷雨绵绵，润湿了草坪，润湿了跑道，润出了柳弱花娇，润出了树影凄迷；冷雨潇潇，却无论如何浇不灭三中人的灼灼热情。滂沱雨中，老师们坚持完成比赛。待到雨后复晴，运动员们便又重整旗鼓，踏回赛道，蓄势待发。不顾疼痛、负伤上场的他，勤于训练、不问辛劳的她，奋力奔跑、不想留遗憾的他，拼命向前、为班级争光的她……无论是领奖台上为人称赞的荣耀，还是私下里不为人知的汗水，无一例外，都是一位位勇敢的攀登者所登上的，最为巍峨雄壮的山峰。

平日的学习中，同样不乏克服困难、刻苦学习的学子们。时近秋分，天黑得愈发早了，若是碰上阴天，尚不到晚上七点，天地之间，就只剩下黑灰两色。可即便如此，仍有不少学生提早来到昏黑的教室，打开台灯学习。也有那忘记带上台灯的，便索性去到走廊，或是倚着栏杆，或是搬出椅子，借日光看书。放学后，留在教室、自习室学习的学生同样不在少数，星星点点错落散在各处的灯光，汇聚在一起，成了温暖的光，那是所有夜行者赴梦途中，陪伴他们温暖的光。

而龙血树最为有趣的，是素朴外表下，极具药用价值的汁液，鲜红若血，药效显著。若细心观察，不难发现，在我们身边，从来不乏龙血树般内敛能干的人。

三尺讲台上，一方暖灯下，老师们的脚步，早已遍布记忆里。我们能听见，听见王祥斌主任提醒大家做好防疫，班主任蓝仁敏老师用心叮嘱；我们能看见，看见黄小妹老师耐心地为学生讲解习题，韦娉婷老师用严密的逻辑，搭起思政之门；我们能听见，听见梁洪涛老师用抑扬顿挫的语调，朗诵着古诗文，马娜老师以流利的英语口语，引领学生走入外语天地；我们能看见，看见黄琴老师带领我们探索生物领域，发现微观视角下的世界也能如此有趣，吴冬青老师真诚的笑容，让地理课上始终洋溢着欢笑……

光阴流转，龙血树依然挺立，勾勒出新年轮，召唤着新的步伐。花开花落，云卷云舒，历经时光磨砺，南宁三中不曾没落，反而愈见辉煌。滔滔浪潮下，这所坐落于青山北麓、南湖之畔的学府始终挺立，其根源之所在，就在于不墨守成规，与时俱进，不随波逐流，沉淀自我。正所谓“最真诚的信念在岁月洗礼中历久弥坚，最伟大的事业经过时间沉淀方能感受其澎湃力量”。南宁三中坚守初心，不忘自我，始终秉持“敦品力学”的校训，推行“德育为先，文理并重，崇尚一流”的办学特色，以“为国基干，作育本才”为治学目标，将“真·爱”教育进行到底。一步一个脚印，用行动印证“江河之所以能冲开绝壁夺隘而出，是因其积聚了千里奔涌、万壑归流的洪荒伟力”。也正是这样的精神，在岁月积淀里培育出每一个三中人激昂向上、朝气蓬勃的精气神。“恰同学少年，风华正茂”，培育出每一个三中人迎难而上、逐梦前行的使命感。“逆水行舟，一篙不可放缓；滴水穿石，一滴不可弃滞”，培育出每一个三中人团结友爱、上下一心的凝聚力。“积力之所举，则无不胜也；众智之所为，则无不成也”，这般精神文化，又何尝不是“真·爱”的体现？正是三中与三中人不断地互相成就，才有了过往的硕果、当下的盛况，以及未来的光明前程。

听见了吗？龙血树在唱着。听见了吗？三中在唱着。听见了吗？每一个三中人都在唱着：清角吹寒几度风，李桃春暖自嫣红，冰魂傲雨烛光梦，三尺丹心化玉琼，维我校友，星聚南邕！

做一棵龙血树吧，阳光下勃然奋进，风雨中练就真我。

·撰写／赵昌熹

假连翘

假连翘／学名：*Duranta erecta*

别称篱笆树、花墙刺，马鞭草科假连翘属，灌木，枝条常下垂，有皮刺，幼枝有柔毛。叶多数对生，偶有轮生，有短柄；叶片卵状椭圆形或卵状披针形，长 2—6.5 厘米，宽 1.5—3.5 厘米，边缘在中部以上有锯齿。总状花序顶生或腋生；花萼筒顶端有 5 齿，结果时顶端扭曲；花冠蓝色或淡蓝紫色。果实成熟时红黄色，有光泽，被完全包在扩大的花萼内。

原产中、南美洲，中国南方有栽培。喜光，喜温暖湿润气候，对土壤的适应性较强，沙质土、粘重土、酸性土或钙质土均宜。这些特质使其成为南宁三中五象校区的主要代表植物，分布在学校主干道侧边、图书馆和实验楼周边。假连翘树姿优美、生长旺盛，花期长、花量多，盛开时芬芳四溢。其果实、叶等可入药。

· 撰写／陈茜诺

草药吟·赠姊药师

佚名

饴白杏果甘黄连，白饭药如霜。轻插茱萸杯雄黄，幽萱艾草芳。

紫苏含冰红花好，九节菖蒲长。采脂连翘欲断肠，夏草戏冬虫藏。

假连翘花呈蓝色或淡蓝紫色，果实成熟时为红黄色，可入药；喜光，喜温暖湿润气候，对土壤适应性较强。它在植物中或许并不显眼，但它的坚忍使它在三中扎根，汲取着土地的营养，享受着阳光雨露的滋润。

三中人亦如此。我们在人群中或许并不显眼，但我们以自己的方式成长着、优秀着、贡献着。我们向往阳光与美好，即便无法成为闪耀的太阳，也会成为月亮，长久地传播着光明，像假连翘那样既被滋润着，又点缀着、回报着世界。

·撰写 / 黄柳萌　绘画 / 周嘉琦

向阳而发，华枝春满

在生机盎然、景色纷呈的三中校园中，常摇曳着一簇簇优美的假连翘，它们以微毫诠释着盛大，在早春时且歌且舞。曼妙风姿中律动的，是旺盛的生命力，而它们绚烂的生命，亦保存在每一个三中人的记忆里。

校友亭旁的红耳鹎总喜欢在闲暇之余落在假连翘的枝叶上，叽叽喳喳地商量不停。与此同时，几名洋溢着青春意气的学生一面讨论着成立一个新社团的各项事宜，一面轻快走过，不忘惊喜地向这边看来："瞧啊，红耳鹎！"鸟儿似已经习惯了人类的大惊小怪，依旧蹦跳着，引得枝叶窸窣不停。这簇假连翘已经在三中校园里立了许多个寒暑，在她的印象里，每年都会有一个时候，学生们的社团会在自己眼前的大道上摆满各式物品，招徕着新加入三中大家庭的高一新生。她沉默不语地见过了很多次这样的招新活动，看着许多懵懂好奇的面孔在下一次变成激情洋溢的宣传者。

过了一段时间，在新一轮招新活动上，她看见了当日热烈讨论的那几个面孔。他们的摊位在众多社团中显得不太引人注目，但勇敢的开拓者们奋力喊着招新的口号，陆续地，有人来询问，也有人直接加入了。他们是如此有成就感，假连翘也不由得抖动了一下自己的枝叶，发出属于自己的笑声。

假连翘依旧站在那里，看着一个个年轻的梦想成为现实。她望着那几个开拓者开始了社团的课题研究，设计出属于自己社团的衣服、标语，也望着他们时常为各种事务忙得焦头烂额，转眼又耐心地笑着与社团新人探讨问题。

假连翘的思绪回到了很多年以前，那个时候的校长还是方洁玲。她是一名优秀的物理教师，更是一位优秀的教育者。她提出了“真·爱”教育的办学思想，提出“以文化管理引领学校和谐成长”的理念，开办了成为南宁三中特色之一的元旦通宵晚会，推进各类校园文化活动，以实践型德育模式开创了一片充满阳光的天地，让学生在快乐中成长，在实践中成才。“真·爱”的理念如春风般吹遍三中校园每个角落，学子们亦在花香与阳光中带着满身热忱，奔向灿烂明天。每度华灯映照、星火璀璨时，假连翘总谛听着学生们内心的欢欣，望着他们洋溢着快乐的笑脸，总是忍不住回忆起当日开学典礼上方校长所说的“幸福”。

如今真的实现了啊，真好。

假连翘听见一个清朗的声音远远地传来：“韩愈曾说过，唯陈言之务去。世人皆知处便不必再说，南宁三中应当坚持这一份思想，守住自己的这一份个性。”

又是那几个学生。假连翘看到他们身上穿着的衣服，正是他们社团的社服。这几个勇敢的开拓者坐在假连翘身边谈天说地，讲起李贽为泱泱中华送来民主的春雷，忆起写《素履之往》的深爱母语的木心，说起苏轼让朝云烹煮的那杯茶。学生们的思想似被点亮的簇新的火种，照亮了苍穹。

“唉，你这回如果拿了金牌，是不是可以保送清华北大了啊?”突然，其中一个人转换了话题，看向另一个同学。后者不由得不好意思地一笑：“理论上是这样的，但也不知道能不能进省队，更别说什么金牌，虽然我也想……”“哎，你肯定能行的，别担心啦!”周围的人不由得大笑起来。

假连翘依旧望着一群群师生熙来攘往，听着每天叮叮咚咚的铃声，久而久之，她发现自己具备了三中自身拥有的特质：向阳而生，芬芳四溢，早春便发，花期长，花量大。“也不知是我融入了这片土地，还是这片土地在成长。”她想，“我原以为只有我在生长，我也原以为我的枝头盛放的只是花，但实际上，那是春天，一整个春天。”

一个残阳渐逝的黄昏，原本宁静的校园忽而喧闹了起来。原来是一群少年来到绿笼球场进行篮球赛。球员们在啦啦队的呐喊下集结成了兼具进攻与防守的队形。得球时，他们脸上笑容灿烂；失球时，他们一抹脸上的汗水，目光更为坚定。哨声不断，掌声不断，笑语不断。假连翘静静看着，似乎看到了一群群在烈阳与花香里奔跑的少年，他们为梦狂奔着，眼前的障碍被他们一一克服：若是棋子，则被吃掉；若是堡垒，则被攻陷。即使黑云蔽日，他们也要燃尽天空，照亮通往梦想前方的前路。她笑了，引得一阵风起。几个学生似乎听见了什么，好奇地朝她望来。只见枝上花满，只觉清风拂体，心旷神怡。

夜幕降临，一轮圆月从深蓝色的幕布后慢慢探出。夜风冷，校园里的路灯照出橙黄之光，地上的影子摇曳而斑驳。一群人远远而来，假连翘看见了那熟悉的社服，是那群勇敢的开拓者们。他们脚步轻快，兴奋地讨论着什么。

“哇，你真选了北大！我还以为你会选清华呢。”一个说。“苟富贵，勿相忘呀！”不知是谁打趣了一句，大家便一齐哈哈大笑起来。“北大里面‘大佬’那么多，到时候我肯定很菜的。”又一个人说道。“南宁三中的学生，怎么可能菜！不宜妄自菲薄，引喻失义呀！”一个人笑道。

“现在我们一定要加油了，为了一个共同的目标……”一个人又说。众人不约而同地接道：“包机北京！”而后，众人又一齐大笑。

一群人大呼小叫地走远了，带着自己的青春梦想。假连翘心中欣慰不已。她开始仔细地回想这些年来听到的各种思想与智慧，她听到过“为天地立心，为生民立命”，听到凌晨四点的海棠花未眠，垒山不止的幸福，瓦尔登湖的垂钓，也听到过大漠穷秋，潇潇暮雨，夕照孤烟，冰河铁马。从她身边走过的人，有人见过沧海桑田，有人望过日月飞升，有人走过拙山枯水，有人笑过月隐晦明，有人坠入痛苦的深渊，有人在盲目地执着。她目睹了无数人的悲欢，似乎能看出其中隐藏着些什么，但她却总是想不出，那究竟是什么。

她偶然抬头，只见天空清澈无比，一轮圆月挂在中央。

假连翘顿时豁然开朗，她想起一个学生曾经对着她念《哈姆莱特》里的台词，其中有一句话让她记忆极深："一切均在心牢笼中自我抗争，平静乃容，那前路便有光。"

原来如此，假连翘心想。她的枝条上依旧开满着春天，天上那轮圆月仍然静静地俯视着一切。夜是如此温柔安静，风是如此安静温柔。

又是一年毕业季，学生们收拾行李，依依不舍地告别校园。假连翘依旧沉默，心中轻轻祝福着：

"你们向阳而生，收获了属于自己的累累硕果。愿从今往后，虽然你们天各一方，也许极目不见故土，但只要你们抬头，便会是同一片星空。"

· 撰写 / 廖凯睿

剑麻

剑麻／学名：*Agave sisalana*

天门冬科龙舌兰属。剑麻常年浓绿，环境适应能力强、美化绿化效果好，有净化空气的能力。树态奇特，花、叶皆美，叶形如剑，顶端有刺，呈莲座式排列；开花时花茎高耸，花色黄绿，姿态优美。

剑麻叶含有丰富的纤维，质地坚韧，耐磨、耐盐碱、耐腐蚀，广泛运用在运输、渔业、石油、冶金等行业，是用量较大、范围较广的一种硬质纤维。剑麻还有重要的药用价值，具有凉血止血、消肿解毒之功效。原产墨西哥，我国华南及西南各省区广泛栽培。南宁三中青山校区科学园有分布，其他校区栽种的则是观赏性更强的金边龙舌兰。

·撰写／吕科雄

咏剑麻

〔当代〕刘齐

秋高气爽灿云霞，
漫步篱边赏剑麻。
拔地尖刀千翠叶，
冲天玉柱万琼花。
篱园路畔丛常绿，
海角天涯人总夸。
不羡红英颜色好，
只求朴实腹芳华。

在植物园中，剑麻不如榕树那般顶天立地，不如牡丹一般华丽富贵。但剑麻的叶子昂扬向上，透着一股自强不息的阳刚之气；它花茎挺立，一簇簇花苞宛若一串串玉色风铃，像一位体态优雅的淑女展示其妩媚温柔之美。

剑麻生长在三中校园是因为它的品质是三中学子精神的一部分。三中的校训“敦品力学”，教育三中学子要砥砺品德，发奋图强，努力学习。而剑麻象征的自强不息、热烈友善已深深刻在了三中学子的心中。剑麻挺立在三中校园，时刻勉励三中学子自强不息、友善待人、专心学习，为成为国家的栋梁之才打下坚实的基础。

· 撰写 / 穆稼容　绘画 / 王伽文

挺立在三中的剑麻

清晨的阳光，驱散了笼罩在校园上的晨雾。清风拂过朝阳，唤醒沉睡的校园。科学园中，一棵棵剑麻挺立在小道两旁，迎着暖阳向上舒展着它长而硬的叶子。这些叶子一年四季都保持着翡翠般的颜色，叶缘上镶着耀眼的金黄色，叶子一层层地生长，呈莲座式排列，保护着挺立在中间的花茎。花茎高耸在叶子中，一簇簇花苞垂挂在花茎上，宛若一串串白玉色的风铃，随晨风轻飘，又像一群低头含笑的淑女，尽展温柔之美。

三中就是一个钟灵毓秀、万紫千红的生物园。各种树木、繁花异草、小园幽径、鸟语蝉鸣，组成了三中精神文化的大半部分。这是一种绿色的文化、自然的文化，它歌颂大自然的美好，让三中学子在校园中陶冶情操，激起学子们浪漫的感情。而剑麻作为三中生物园的一分子，也将自己的全部献给了三中，它那昂扬向上、热情友好和积极奉献的品质，深深地刻在了每一位三中人的心中。

剑麻的叶子是那么坚韧有力、挺拔向上，正如三中人积极乐观、昂扬向上的精神。旭日初升，穿透朝雾，飘荡于校园每个角落的悠扬校歌，唤起沉睡中的三中学子。吃过早饭，三中的高一新生便匆匆赶往田径场集合，为校运会的广播操展示进行最后的紧张练习。青涩稚嫩的学子，在朝阳的洗礼下变得朝气蓬勃、精神焕发。体育组的老师也早早来到田径场，组织学生排队做操。老师们穿梭在学生之间，仔细观看每一个学生的动作，给予正确指导。做完早操，回到教室，琅琅的读书声回荡在校园，开启一天的学习征程。课堂上，老师激情讲解，学生们积极回答，课堂氛围就在这师生的问答中越发热烈。下课时，在校道上随处可见各班学生在练习跳长绳，田径场上奔跑的身影释放着青春的活力。晨光熹微，科学园的剑麻亦是如此昂扬向上。

校运会的广播操展示环节中，高一的学生在学长学姐热情的注视下，开始了他们的汇报演出。激昂的乐曲声中，学生们个个意气风发、朝气蓬勃。他们面带微笑，快乐的眼神注视前方，动作轻快，整齐的动作表现出令人惊叹的效果。他们舞动的双手如同挺直向上的剑麻叶子，直指苍穹，透着一股青春的朝气和自强不息。这青春洋溢的场景，使学长学姐们激动地高声赞美。欢呼声、赞美声融为一体，响彻整个校园。

剑麻的花剑高耸，花儿一簇簇开放，是那么热情友好，正如三中人待人的友善、热情。梁洪涛老师就是如此。在课堂上，她声情并茂地为学生们讲解知识，声音是那么富有激情，时而铿锵有力，时而温柔深情。课后，她友善地与学生们相处，耐心地为学生们解答问题，显得那么和蔼可亲。有一回，老师因刚拔完牙说不出话，但她还是坚持来给我们上课。可是，不能说话怎么给学生们上课？只见老师一边播放PPT，一边在白板上板书，又用笔在课件上圈点勾画——这里做个注释，那里画上标记，手上的笔一刻也不停歇，眼睛也在不停地扫视台下的学生，生怕有学生开小差，错过了重要的知识点。当下课铃声响起，老师长吐了一口气，放松下来。可她转念一想，又拿出一张纸，匆匆写上一句话："这节课听明白了吗？"老师一桌一桌地问，学生们看到这张纸条，有的开心地点头示意，有的大声回答听懂了，老师眉眼弯弯，露出了欣慰的笑容。梁老师对待教学工作的热情，不就像那剑麻花一般热烈吗？这就是三中的老师啊，他们不吝啬自己的热情，将活力带进课堂，将知识倾囊相授，与学生们如朋友一般友好相处。师生之情，在这热情友好的环境中一点点积累，然后滋长。

剑麻不仅花美，还有很大用途。剑麻叶含有丰富的纤维，质地坚韧，广泛作用在运输、渔业、石油、冶金等行业，是用量较大、范围较广的一种硬质纤维。三中人也如剑麻一般，默默地为社会做贡献。三中的老师承担的是教书育人、为国家培养栋梁之才的责任。三中的校长韦屏山对学生的培养十分上心。记得在他任高三班主任那年，他担心毕业班快节奏、高强度，学生的营养跟不上，于是，他决定给全班学生每天早餐都加上两个鸡蛋。每天早上，班长都到他家里领一百多个热腾腾的鸡蛋，再拿到班里发给学生们。琅琅的读书声、专注的眼神、运动场上的奔跑、考场上的挥笔、毕业后的奋进，是学生们在用实际行动告诉老师：谢谢您的用心付出，我们一直在努力，努力成为对社会有用的人。在教育教学中，韦校长为学生们刻画了南宁三中学子应该有的样子——肩负历史使命，坚定前进信心，立大志、明大德、成大才、担大任，努力成为堪当民族复兴重任的时代新人。韦校长从教二十多年，他的成长历程和教育思想，影响了无数学子和一大批青年教师。三中老师始终坚持“真·爱”教育，让学生牢记“敦品力学”，从而培养出了一位又一位国家栋梁之才。有百色起义的领导者之一雷经天，有像雷沛鸿这样的伟大教育家，也有像李京文这样的专家学者。三中的每一位老师，都如剑麻般，默默奉献；三中的每一位学生，都像剑麻的叶子一样，有能力，有作为，他们去往祖国各地，进入不同的行业领域，发挥出他们的真才实学，为社会、为祖国做出自己的贡献。

三中的剑麻一直挺立在科学园，那厚实的绿叶，欣欣向荣，自强不息；那绽放的花朵，亭亭玉立，热烈奔放。每当我在远处观赏它，便会被它的叶子中透露出的阳刚之气所折服，便会被它盛开的花朵所吸引。它是骄傲的，也是自强不息的、热情的。三中人也如此，无论何时何地，“敦品力学”的校训永远铭刻在三中人的心中，“真·爱”教育理念永远流淌在三中人的记忆深处。自强不息、热情友善、积极奉献的品质，将永远伴随三中人。

·撰写 / 穆稼容

茶梅

茶梅 / 学名：*Camellia sasanqua*

山茶科山茶属，因叶似茶，花如梅而得名。明代高濂在《梅花令·茶梅》中就写道："花却似，与梅浑。"茶梅体态秀丽、叶形雅致、花色艳丽、花期长（自11月初开至翌年3月）。树形优美、花叶茂盛的茶梅品种，可于庭院和草坪中种植；较低矮的茶梅可与其他灌木配置花坛，或植于林缘、角落、墙基等处作点缀装饰，亦可作常绿篱垣材料，开花时可为花篱，落花后又可为绿篱。若盆栽摆放于书房、会场、厅堂、门边、窗台等处，则倍添雅趣和异彩。

茶梅产于长江以南地区，为亚热带适生树种，在三中青山校区主要分布在逸夫体育馆。漫步于逸夫体育馆旁的校道上，吟一首刘仕亨的《咏茶梅花》："小院犹寒未暖时，海红花发昼迟迟。半深半浅东风里，好似徐熙带雪枝。"茶梅优雅的形象和超逸的气韵让人陶醉。

·撰写 / 黄小斌

山茶花二首（其一）

〔宋〕陶弼

江南池馆厌深红，

零落空山烟雨中。

却是北人偏爱惜，

数枝和雪上屏风。

寒冬腊月中，本惹人喜爱的深红茶梅徐徐盛开，可是温暖的南方池馆却对于其深红的色彩并不在意，以至于让姣美的茶梅在荒山烟雨中独自盛开，在隆冬烈风中遭受霜雪的洗礼。可久违了这般色彩的北方如获至宝，更有甚者，把它画于屏风之上。诗人采用对比的手法，通过叙写南北地区对茶梅的不同态度，把茶梅“盛开于荒山之中”和“画于屏风之上”两种截然不同的境遇进行对比，引领读者去探寻这一抹独特的艳色，凸显出诗人对茶梅态度的不同，巧妙地写出了诗人对茶梅的珍视与喜爱，体现了他超凡脱俗的思想境界。从诗行中略可窥见茶梅经霜雪雕琢后的清逸隽秀，风姿如许。它任禽鸟于自己的虬枝上寻得可栖之地，与其一起成为深冬温情的一笔。寒冬之中，茶梅仍以清丽之姿继续展现自己的潋滟风华。

茶梅，仅在冬日开花，且为鲜红色，既有“梅”的特性，又属山茶科植物，故被称作“茶梅”。它秉承着梅花“冰雪林中著此身，不同桃李混芳尘”的狷介，融合了山茶“岁寒无后凋，亦自当春风”的坚韧。

寒冬腊月中，总有一种花在不经意间温暖人心，那就是茶梅！

·撰写/赵　航　巩皖宁　陆欣怡
郭宸溪　卢逸凡　洪　量

绘画/文曦云

茶梅流芳，『真·爱』飘香

金秋十月，徜徉于三中校园，萧瑟的秋风并不能驱走生命的热情，丝丝凉意也不能阻挡生命的热烈。在主校道旁，逸夫体育馆的门侧花坛中，几点梅红点缀了葱茏的树丛，为体育馆增添了几分自然鲜艳的色彩。茶梅是这几点红的主人。它既似蜡梅，体态秀丽，枝动刚傲，开于隆冬，又如海棠艳而不妖，叠瓣重蕊，还如山茶叶形雅致，清香轻馨，可为茶料。它集百家长于一身，兼容艳美、秀美、傲美和清雅于一身。它在百花凋零、万物萧索时为校园带来一抹亮色，增添一分炽烈与生机，既装点了校园，又时时提醒同学们要不卑不傲，还承载了一份独特的三中情怀。

一、梅香记史

三中的茶梅外临大门，内依校史馆。她迎接着三中的一届届新生，见证着三中的成长与发展。从乌龙寺讲堂的一方小讲坛，到如今三中的美丽校园；从余镜清一人传救国之道，到如今三中的名师云集；从二中、三中一体的省立一高，到如今三中与二中分府治学，各授其道；从省立高中男女分学，到如今合璧共府，合二为一。茶梅在它们之间，记下了三中的历程与发展。她看着一批批少年进来接受教育，听着校歌“譬如新篁，箐茂匪穷”，不断向上生长；来来往往的师生看着她伫立于此，枝骨遒劲，生生不息，不屈不挠，也各悟其道，投身于祖国大江南北的千行百业。一百二十五载春秋，她或听或视，记下了三中的历史。每每经过，她的叠瓣仿佛在称赞届届相扶持的师生，她的馨香仿佛在叙说个个学成立业的学子。茶梅炫毕其瓣，蕴远其心，她与三中一同成长，生生不息！

二、茶梅载道

赤冠承情已呈妙，金蕊载道更堪绝。爱三中的茶梅，不仅因为她所映之人，还因为她所载之道。

敦，即厚道、诚恳；敦品，即砥砺品德。茶梅所经历的险阻未必只有风霜摧折。那些党同伐异的孤立，那些隐于暗处的龃龉，那些口蜜腹剑的嫉妒，施予茶梅的苦难远甚于酷寒。故而三中告诫学子们，在专注于学术研究的同时，也要培养自己的品德，不能做空有才学而品行不端之人。

力，奋勉、致力的意思；力学，即发奋、尽力、竭力地学习。茶梅生于苦寒之境，需要有强大的能力才能让自己存活，故她的根基往往深厚，以汲取更多的养分，更茁壮地生长。她无时无刻不在提醒三中人，要勉力勤学，让自己不论在何种逆境中都能茁壮成长，生生不息，焕发光彩。

“敦品力学”，即培养自身道德修养，致力发奋学习。茶梅在风霜中砥砺品德，三中学子也在校训“敦品力学”的指引下培养自身的道德修养，学习茶梅的高洁与独立，在纷乱嘈杂的花花世界中找到属于自己的一片净土。

三、茶梅承爱

南宁三中建校以来，方洁玲校长是第一位女校长，巾帼不让须眉。方洁玲校长的德、才、学、识，让她在教育教学上取得瞩目的成功。而方校长的“真·爱”教育尤为突出。何谓“真·爱”教育？它是指爱作为一切教育的基础，“真·爱”教育是现代教育的灵魂。其中，承载了方洁玲校长对学生们的关怀与慈爱，炙热而温暖。20年前方洁玲校长在任期间提出了现在南宁三中引以为豪的“真·爱”教育理念，她说，“真”就是做人要讲诚信，求学做事要求实；“爱”是一种情感体验和传递，是对他人对社会的一种博爱，一种奉献，一种责任。我们的教育不应该让学生有自卑感。爱学生，就要真正考虑学生的健康发展，让学生心理无压力、无负担。大家活在同一片蓝天下，应该拥有同样平等的人格，拥有同样愉悦的心情。

热烈的茶梅虽只开在校园一角，但它的浓烈热情却开在方校长的心中，铺就同学们成长的道路。方校长如茶梅般浓厚的爱让“真·爱”教育有了更深厚的意义——授爱于人，传爱一生，方校长用实际行动践行了“真·爱”教育理念。

四、茶梅育人

红茶梅的花语是清雅与谦让。三中学子从茶梅中感悟优雅，学习守礼，在“真·爱”教育的光辉下感受礼的力量。

作为南宁三中的学生，我们如沐时雨，如坐春风，应当好好地欣赏茶梅，感受茶梅身上的高洁与优雅，不断学习，如是含英咀华，正义是从。茶梅独自开放而用清气浸染一方，一身正气而不屈风雨，茶梅的叶衬得花朵更添几分艳丽，同时花朵也衬出叶的雅致。她轻轻簇拥着体育馆，余味飘香，默默影响着来往的师生。我们要学习茶梅优雅的气质，提高自己的内在修养，更要学习茶梅的韧性，磨炼自己的意志，不为困难所摧，不被艰险所阻，面对困难从容不迫，有勇气，有担当，走好人生每一步，如茶梅般在寒风中绽放，在黑夜中探光，在黎明时仰望，无惧无畏，无怨无悔。

百年沧桑，钟灵毓秀；万千桃李，竞展芳菲。南宁三中经历时代变迁，始终秉承着立德树人的教育理念，不断探索最适合学生的教学方法，培养出一代代可用之才，有为之人，树立广西学术教育夺目的标杆，似茶梅一般屹立不倒。阳明过化，郁郁葱葱。教学相长，观摩从同。走过百廿征程，茶梅给三中校园留下阵阵余韵，并潜移默化地浸染莘莘学子的心灵。适逢南宁三中一百二十五周年校庆之际，吾辈三中学子必将秉持茶梅优雅大气的风度，坚守茶梅凌霜傲雪的品格，在“真·爱”教育下传承先辈崇高理念，攀登知识学术新高峰，开启青春灿烂新篇章，续写三中“敦品力学”新传奇！

·撰写／卢逸凡　梁翀宇　洪　量

夏孜怡　周云恺　彭一同

火殃簕

大戟科大戟属，在广东又被称为霸王鞭，为常绿肉质灌木，形态像柱状的仙人掌，具有美丽的斑纹。火殃簕的花比较小，很不显眼，但火殃簕挺拔的肉质茎和顶部浓密得像皮革一样的大叶子，四季常青。原产印度，中国南北方均有栽培，中国南方常作绿篱，并有逸为野生现象，北方多于温室栽培。

全株入药，具散瘀消炎、清热解毒之效。火殃簕的繁殖采用扦插法，于5月至9月间剪取母株顶端5厘米至6厘米作插穗，在阴凉处晾干一周，待切口充分干燥后再行扦插，容易生根。火殃簕为多浆植物，扦插时剪下会流出浆液，可用草木灰封闭修复。火殃簕在南宁三中校园中的办公楼附近多有种植，是办公楼的标志植物，中心广场也有分布。

·撰写／邓　荣

霸王鞭

佚名

雄魂大魄志量天，万绿丛中绽美颜。

历雨经风身似玉，英姿霸气胆如丹。

堪称今日中华剑，敢笑当年项羽鞭。

亦有温情柔复媚，幽香一缕润家园。

自然界中的万物，大至山川河岳，小至花鸟虫鱼，都可以成为诗人描摹歌咏的对象。他们在细致描摹的同时，寄托自己的感情，于是就产生了咏物诗。在诗中作者或流露出自己的人生态度，或寄寓美好的愿望，或包含生活的哲理，或表现作者的生活情趣。

霸王鞭，花如其名，有棱有刺，历经风霜，本诗中盛赞其勇猛、刚强、坚韧的品质。在我国古代，霸王用的钢鞭代表锄奸除恶的武器，而霸王的钢鞭在霸王鞭花面前也黯然失色，这是何等霸气！偏偏一身硬骨的霸王鞭却开出一朵朵嫩黄的花儿，绽放着缕缕幽香，颇像一位英雄的侠骨柔肠。

·撰写 / 禤　锟　绘画 / 雷嘉文

火殃簕常绿 师生情长存

如果我问你，你记得三中校园里哪些植物？你可能会回答，在阳春时节开得热烈似火的三角梅，抑或是在仲夏夜里散发阵阵幽香的紫藤。你可能会记得，在金秋时节花香馥郁的金桂，抑或是在凛冽寒风中盛放的炮仗花。但是或许你在三中三年，也没有留意校园里，还有一种植物叫作火殃簕。

火殃簕其实离大家并不远，它就站在行政办公楼前。可火殃簕是那么默默无闻。它是一种肉质灌木，身形比不上木棉树那般高大魁梧，身躯也不如乔木般坚固挺拔。它那大戟科植物独有的身形，甚至容易被人误认为是某种仙人掌。它的花很小，没办法与娇艳粉嫩的羊蹄甲媲美；它的花几乎无香，难以与香飘万里的桂花相比。甚至很少人注意到它还会结果，因为它的果实太小，太不起眼，人们总是会去关注扁桃树上压弯枝条的累累硕果。

但是，它就是这么的默默无闻，在四季的轮转中保持常绿，在寒来暑往中开花结果。它默默地看着每天清晨老师办公室里的灯光亮起，看着同学们下晚自习后教室里的灯光悉数熄灭。它默默地听着同学们在上下学路上的欢笑声，听着同学们在长廊下的英语角自信的交谈声，听着校运会前，同学们在办公楼前勤奋练习跳长绳时那一声声有力的口令声——“一！二！三！”……它见证了一届届新生的到来，一届届同学们挥洒勤奋的汗水，又见证了一届届毕业生们的告别。它像一位守望者，无论寒暑，都默默地伫立在三中校园里。

或许火殃簕被种在行政办公楼前纯属机缘巧合，但如果你让我选择校园里哪一种植物最能代表三中的老师们，我会毫不犹豫地选择火殃簕。

火殃簕那一节节粗壮的枝条里，蕴含着它积蓄的丰富营养，就像三中老师渊博的知识一样。初到三中，最吸引我的不是商品琳琅满目的小卖部，也不是丰富多彩的社团活动，而是老师们在课堂上的引经据典，在黑板上的奋笔疾书。我的班主任黄小斌就是这样一位知识渊博的老师。他在课堂上不仅能侃侃而谈，介绍一个又一个有趣的生物现象，让我们了解生命之美，生命之趣；还能抽丝剥茧，由浅入深地一步一步分析，最终将深奥的生物原理阐释得浅显易懂。

三中一向以优异的竞赛成绩名扬八桂，而在辛苦付出的竞赛教练中不得不提我的化学老师——罗洪均老师。因为是化学竞赛的总教练，罗洪均老师被同学们亲切地称为“罗总”。罗老师的课堂内容包罗万象，容量丰富。上至在宇宙中运行的宏观天体，下至在物质中不断运动的微观粒子，他都能用清晰的逻辑关系将它们与化学知识串联，让化学知识打破课本上的条条框框，变得生动起来。而且罗老师讲起课来意气风发、幽默有趣，即使是枯燥无味的习题讲解课，他也能讲得颇有一番趣味。正是罗老师将知识与趣味相结合，才让同学们对化学知识葆有浓厚的兴趣，更让三中的化学竞赛捷报频传。

在火殃簕柔软的肉质之上，其实披覆着一层坚硬的表皮。这恰似三中的老师们在表现出和蔼可亲、亦师亦友的一面的同时，也表现出治学严谨、教导有方的一面。我的物理老师杨丽红就是这样一位严师。无论是课上的知识讲授，还是课后的疑难解答，她都表现出了一位理科老师的高度严谨态度，一点一滴帮助同学们理解晦涩难懂的物理知识。杨老师对待每一位学生更是统一的高标准严要求，在同学犯错时直言不讳地指出错误，并引导同学一步步地改正。还记得刚进入高三的时候，我极度不适应理科合卷的考试方式，原本优秀的物理成绩一落千丈，甚至落得不及格的境地。我很是焦虑，一心纠结于分数为何变差。杨丽红老师和我分析问题的时候，就直接指出我过分纠结、过度焦虑的不良心态。真可谓是一语惊醒梦中人！这不仅让我在作茧自缚的深谷前悬崖勒马，还让我更多地关注知识本身，而不是试卷上的分数。其实，杨丽红老师在坚如砾石的态度背后，还藏着一片宽广的温柔之海。在我走不出纠结成绩的迷雾时，杨老师建议我可以多多参加户外活动，多看看书，多散散步，把纠结的事先放一放，说不定答案就在某一刹那灵光乍现。于是我从练习题堆中抽离出来，报名了校运会跳长绳的比赛。在训练跳长绳的时候，我第一次注意到了办公楼前的火殃簕。

如果认真观察，你会发现在火殃簕坚硬的表皮之上，还有一朵朵黄色的小花。这些小花点缀着火殃簕，就像三中丰富多彩的文娱活动点缀着校园，让同学们的校园生活更加丰富多彩。美术课上，吴迪老师介绍着“包豪斯风格”和“波普风格”的异同，给三中学子们以美之启迪。音乐课中，李浩铭老师放声歌唱。在他的教导下，每一位三中学子学会了三中历史悠久、优美悦耳的校歌。通用技术课里，蒙卫老师带领我们体验各式各样的工具器械，指引我们将脑海里的奇思妙想一点点地变成现实。图书馆前，文仁琦老师轻巧地滑动着轮滑鞋。他的每一次悉心搀扶和耐心教导，让越来越多的同学接触轮滑，学会轮滑，爱上轮滑。排球场上，刘翠老师以口哨为令，为同学们教授排球的一招一式、一攻一防，让同学们的学习压力在挥洒的汗水中得以全部释放。

如果说三中老师像火殃簕的枝条，那么火殃簕用枝条托举出的那一片片肥硕鲜嫩的大绿叶又何尝不像在三中校园里朝气蓬勃的莘莘学子呢？

火殃簕枝条的绿，绿得深沉，就像三中每一位老师渊博的知识和深沉的爱；火殃簕叶片的绿，绿得生机勃发，就像三中校园里同学们洋溢出来的青春气息。但无论是哪一种绿，它们一同构成了百岁流转、生生不息的南宁三中。或许火殃簕枝条上的绿叶不会常在，因为它也会随着时间成长，最终脱离枝条的培育和保护。但是火殃簕的枝条会始终常绿，它会始终站在办公楼前，用它坚硬的身躯和柔软的内心，呵护一代代绿叶的新生和成长。就像三中的老师们，以对同学们负责的高要求为基壤，以丰富渊博的知识为养分，再浇灌“真·爱”教育的甘霖，将一代代学生培养成英才。

老师们亲切地欢迎学生的到来，最终又不舍地与学生告别。但无论春来秋往、夏至冬归，老师们都默默奋战在三中的校园里，始终深植于八桂大地，兢兢业业地耕耘着这片西南热土，以一个又一个三年为周期，不断培育出一代又一代如新叶般有生机、有活力、有理想、有抱负的学生。最终，学生们会像落叶一般，离开枝条，去往更远的地方，去反哺我们脚下更为广阔的热土。

常绿的火殃簕，点缀着校园，让南宁三中这所百年名校焕发出永恒的勃勃生机。在火殃簕的默默守望下，三中师生会通过不断的努力和奋斗，谱写更声势浩大的青春乐章，赓续这一段青春传奇。

·撰写/禤 锟

灌木

篦齿苏铁

篦齿苏铁／学名：*Cycas pectinata*

苏铁科苏铁属，裸子植物最早的分支，靠专一的甲虫授粉，被列入《国家重点保护野生植物名录》，为国家一级保护野生植物。篦齿苏铁出现于3.2亿年前的石炭纪，繁荣于中生代的侏罗纪，是与恐龙同时代的植物，世界上最古老的植物之一，对于研究种子植物的起源和演化具有重要的科学价值。篦齿苏铁全身均可入药。篦齿苏铁树干高大苍劲，叶丛终身翠绿坚挺，极其美丽壮观，有“苏铁王”之称。雌、雄异株，种子集中于主干顶端“鸟巢”内，外有小苞叶包围保护，暗红褐色，形似“凤凰蛋”。南方的篦齿苏铁一般10年以上才可开花。在三中青山校区，其可见于思想园及中心广场升旗台周围，是校园里最高龄的植物。

·撰写／黄颂毅

壬寅岁朝发石塔寺

〔宋〕杨万里

晓钟梦里苦相呼，
强裹乌纱照白须。
只有铜炉烧柏子，
更无玉盏泻屠酥。
佛桑解吐四时艳，
铁树还如九节蒲。
省得一朝疲造请，
却教终日走长涂。

杨万里在石塔寺住宿时，有感于铁树犹如九节蒲，便说扶桑四时吐艳，铁树和菖蒲一样身健，暗喻这些植物的生命力非常顽强。苏铁具有顽强的生命力，是坚贞不移和淫威不屈的精神的象征。

诗人虽然已是高龄，在正月初一这天依然早早起床，依然在节日里长途跋涉，去平乱征战。诗歌既表明他不辞辛劳之志，又表现诗人接受朝廷委命，尽职尽责的使命感。

唐宋八大家之一的苏东坡亦与苏铁有着千丝万缕的联系。

苏东坡为人刚直，公正廉明，传说他曾得罪奸臣，被贬于海南。奸臣幸灾乐祸说："欲自海南岛还，难于铁树开花。"东坡至海南，当地人听闻大名鼎鼎的苏东坡来了，都非常敬重仰慕他。一日，一位老人赠予东坡一棵铁树，劝慰他行得正，立得直，如铁石，何惧奸臣陷害。此后，东坡精神大振，悉心养护铁树。一日，铁树奇迹般开花，花虽不娇，却英武庄严。不久，苏东坡收到起复返还的命令。离开时，当地乡亲送的东西他一概不收，只带回了那棵铁树。

自此以后，铁树才在中国北方繁衍起来。相传铁树是苏东坡带回来的，人们就称它为"苏铁"，其花语也是来自苏东坡的"坚贞不移"的品质。

作为新时代中国青年，我们应当秉持苏铁那非凡的持之以恒的决心，如苏铁般生生不息，才能应对生活中的各种困难，在磨炼中取得累累硕果。

· 撰写 / 劳俊哲　邱铭宇　黄浩然

艳如流苏，坚如钢铁

知识殿堂，庄严学府，古老的三中校园左邻青秀，右接南湖。聚湖山之灵气，扼南北之通途。崇楼突兀，大木扶苏。此乃周沼麟先生所绘之三中。明月清风，依山傍水，群英集萃，无怪世人倾慕。吾辈适逢吾校一百二十五周年校诞，何其有幸。

时光荏苒，岁月如梭。篦齿苏铁，淡然地屹立于斯，诉说一个个曾在这所百年老校上演过的故事。那些人、那些事，在眼前、在耳畔、在指尖、在身旁、在心田。那些散碎在四季的光阴，寂静欢喜，萦绕了多少三中人的心田，温暖了多少三中人的时光，寄望了多少三中人的憧憬。

遥想当年，年轻的苏铁还活泼好动，于余霞成绮中，它总能遇见一位慈眉善目的长者，拎着个搪瓷饭盆在平房前的空地和青年教师有一搭没一搭地唠嗑，笑眯眯地看着晚辈嬉闹。黄昏被拉得无限漫长，优美得像一场电影。苏铁摇头晃脑，叽叽喳喳地应和。苏铁可不知道，这位长者就是洪中信老校长。他带着他的团队，如武训办义学般不辞辛劳，兢兢业业，坚持不懈，为兴建三中逸夫体育馆、办公楼、学生食堂等基础设施，四处“化缘”。苏铁只知道，平房被推倒了，新的教工宿舍楼拔地而起，可是那位和和气气的老人不在了。苏铁还在这儿，卷进温柔的清风中，躲进柔软的云朵里，走丢了一位老友。

在 1982 年，苏铁邂逅了一个年轻又美丽的生命。出身清贫的杨少香老师来到了南宁三中。作为一名音乐老师，她对音乐的热爱已经到了狂热的程度。每天早上她总是提前起床，在小树林里练指法，练音阶，吊嗓子，清亮的声音飘遍了校园的每一个角落。她对工作认真负责，在技术上刻苦磨炼，有自强不息的倔强性格和超越自我的精神，让人仰慕、敬佩。在生病的日子里，她还日复一日地带领同学们陶冶在音乐当中。她非常关心学生，利用兼做女生辅导员的工作机会亲近学生，成了学生的好朋友，成了学生倾诉不愉快心情的好对象。但是，就是这样一位老师，这样一位如苏铁般美丽而坚强的老师，也逃不过病痛的魔爪。那年冬天，对工作认真负责、对学生温和有礼的杨少香老师病倒了，离开了她的学生。那一天落叶还在，人已天涯，半天朱霞，粲然如焚，映着苏铁也有了三分红意，像是血泪，告慰那如苏铁般坚毅的灵魂。阳光照进院子，进得那么慢，其间还有多次停顿，犹如一种哽咽。苏铁那一抹油绿仍在，只是清晨里那清脆的歌声不在，因此那层层叠叠的针叶也显得有些黯淡失色。1983 年的清明，曾扬与邱丹共同怀念起杨老师，他们来到教室后面高高的杂草丛，用脚踩出了一块平地，认认真真地祭拜。真正的送别，没有长亭古道，没有劝君更尽一杯酒，就是在一个和平时一样的清晨，有人留在昨天了。春花已落，夏叶未老，苏铁依旧，凝望满眼的青翠，让人隐隐察觉世间的美好景致。人来人往，勿忘勿失。记忆，就好像是神话里的筛子，筛去了垃圾，保留了金沙。

苏铁逐渐沉默，它经历了无数次日升日落的循环往复，看见那些鲜活的生命来来往往，虽然生命的长河永无止境，校园依旧朝气蓬勃，但那毕竟是新的面孔了。每一张面孔其实都是不可复制的，也许他们瞒得过大地甚至星月，但却瞒不过它——它是古老的，因而是睿智的；它是睿智的，因而是沉默的。它每一片庄严的羽翼，都在用时光记录着往事。

两亿年前苏铁就繁盛在地球上，它伴随着恐龙生活了一亿多年，后来恐龙灭绝，而苏铁却奇迹般活了下来。同住三中校园，苏铁的精神品格与三中人一脉相承。罗永屏老师，退休后和老伴一样领着微薄的退休金，出于强烈的社会责任感，怀着扶贫济困的朴素爱心，连续多年参与希望工程，悄悄资助10名贫困孩子完成小学学业。这一平凡的壮举让多少在社会中迷失人生目标的人汗颜。南宁三中“苏铁人”有着贤人的品质，同苏铁一样默默付出。不求回报与光辉，只是用他们平凡而伟大的生命，倾注在“真·爱”教育中，培育一代又一代“苏铁人”。

有多少热血、汗与泪汇成的精神灌溉在梦想的土地上，最终如苏铁般顽强地生长，迎来漫天星光，山川湖海。也曾有人崩溃大哭，无助地向苏铁诉说，而青春的意义便是如此，即使忧伤地泪流满面，仍然相信尘埃里会开出一朵花，热泪盈眶亦是成长。提及少年一词，应与平庸相斥，少年从黑暗中来，却满目星辰，毫无戾气，风尘仆仆又温柔至极。他们看春风不急，看夏蝉不烦，看秋风不悲，看冬雪不叹。少年的行囊里装着梦与不朽，人间烟火和夏天的晚风，有他们的湖海，有他们的重重山影，有他们的万里波涛。如同苏铁，度过中生代的物种大灭绝，满身孤傲，顽强生长，向阳而生，无惧风雨。

苏铁是古老的精灵，愈老弥坚，枝繁叶密。夕阳下的校园里时常可以看见有老教师的身影在苏铁的树荫下蹒跚，有一种让人敬畏的厚重感。苏铁静静地注视着这一派和气，用它温婉的墨绿色照映着校园。学校也因此多了一份宁静，也多了一份厚重的母爱。

苏铁不说话，动作麻利地积攒着故事，时不时，洒下一些时光，汇成一支花团锦簇的笔，记述着不同的人生。苏铁是时光的章程，苏铁和古老的校园一起经历了历史沧桑，也看着三中一步步辉煌，带领一代代平凡而又不凡的三中“苏铁人”追寻诗和远方。

这，就是三中教师、学生和学校的故事吧！

·撰写／涂云熙

毛叶杜鹃

毛叶杜鹃／学名：*Rhododendron radendum*

杜鹃花科杜鹃花属常绿小灌木，又名毛鹃、大叶杜鹃。小枝细瘦，叶革质，叶片深绿有光泽，下面密被淡黄褐色至深褐色的多层屑状鳞片，叶片沿中脉有刚毛，故得名毛叶杜鹃。花期依气候和水肥不同而不同，暖热地带多在2—3月开放，温凉地带多在4—6月开放，冷凉地带多在7—8月开放。花多，数朵钟状或漏斗状的花朵组成绣球状花团，花色亮丽而多变，呈现粉红色至粉紫色。杜鹃花作为中国的十大传统名花之一，素有“花中西施”的美誉。杜鹃花开时映得满山皆红，又得名映山红。

毛叶杜鹃称得上花叶并美，具有较高的观赏价值，在园林绿化中广泛种植，南宁三中校园中主要引进其作为校道两侧的观赏绿篱。在花季中绽放的毛叶杜鹃总是给人热烈而喧腾的感觉，当清晨的第一缕阳光亲吻花瓣时，幽静的校道上这一片红红火火的毛叶杜鹃让整个校园变得热闹起来了。

·撰写／张宝丹

宣城见杜鹃花

〔唐〕李白

蜀国曾闻子规鸟，

宣城还见杜鹃花。

一叫一回肠一断，

三春三月忆三巴。

我国种植、培育杜鹃花的历史悠久，以此产生的遐想和灵感更是数不胜数。杜鹃花和杜鹃鸟，花鸟同名，不仅仅是人文情感上的相似，更有着源远流长的传说。相传周时古蜀国之君杜宇死后化为杜鹃鸟，每当春季农事，便到处提醒百姓“布谷”，鸣声响亮，以至于嘴巴啼出鲜血，洒遍青山，染红了杜鹃花。在历史的长河中，杜鹃花又引申出思乡思亲、热烈奔放的花语。这首诗的意象便来源于此，李白晚年贬谪异乡，在暮春时节听到杜鹃的啼叫，回忆起故乡的杜鹃花，思绪万千。恰如从三中走向各地的学子，虽然身在各地，但始终不会忘却三中这一精神故乡。

近代以来，杜鹃花又被赋予了更深的含义。中华民族在争取民族独立、国家解放时涌现了一批批爱国志士，他们抛头颅洒热血，取得了革命的胜利，也染红了中华大地的杜鹃花。杜鹃花记载着那段悲壮的历史，更象征着不怕流血、不惧牺牲的壮志豪情——这与三中百廿年以来的主旋律和谐而统一。自清末维新创建乌龙寺讲堂以来，再到迁址埌边村，三中人献身解放事业、献身建设事业，向来冲在第一线。校园里的杜鹃花亦是一届届优秀的校友们不懈奋斗的缩影，激励着同学们走向远方。

·撰写／钟宇浩　绘画／唐婉舒

如毛叶杜鹃般绽放

短暂的寒假过去，同学们迎来了新的学期，校园更是换上了新装。岭南这一长青之地似乎没有春季这一说，才是清明未过，天气已经开始逐渐湿热起来。空气中氤氲着水汽，露珠也不会被赶跑。阳光从云层倾泻而下，穿过层层密叶，打在整洁的校道上。校道上亦是一块深一块浅的斑点，是刚下完的阵雨和新露出的太阳共同的杰作。校园被蒙上了一股清新的气息，那是泥土、绿草和落叶混合的芳香。这是一年中难得的好光景——没有热得原地不动就要汗流浃背，也没有冷得阻隔了同学们与校园里草木的接触；没有干燥得树皮开裂、枝叶干枯，也没潮湿得令人浑身瘙痒。

伴随着返校的学子，令人舒爽而愉悦的微风从校门一路吹进来，拂过花圃：校道两边、办公楼和教学楼前、小广场周围的毛叶杜鹃在点头。它们很矮，有的甚至不如一旁长得高大的草，但是那鲜艳的色彩依旧迸发出来，迎接着返校的同学们，有鲜红的，有粉红的，更多是那些粉紫的。粉紫的毛叶杜鹃并不单调，颜色也并非一成不变，而是渐变的。不同时间、不同角度观之或许有不同的感受，但毛叶杜鹃却一直在这，毛叶杜鹃的精神一直在这。

是的，这是绿色之中难得的一抹鲜艳，是三中的热情似火，是三中的无私奉献，是三中的壮志豪情，是三中的不惧牺牲，是三中的润物无声。毛叶杜鹃就在这春天里，已然成为三中无形的名片、无声的精神。毛叶杜鹃旁，大家都是崭新的。高一的新生们刚刚分科结束，他们求知若渴，对未来满怀期望；高二的学生们即将完成所有高中知识的学习，他们意志坚定，在三中不断地探索；高三的考生们不久后要奔赴高考的考场，他们厚积薄发，在青春的高光时刻留下属于自己浓墨重彩的一笔……

毛叶杜鹃就在这繁荣不息、赓续不断中迎来一级级新生，送走一届届考生。学子们的青春也像毛叶杜鹃般绽放。课间时分，同学们纷纷走出教室，活跃在校道上、操场中，羽毛球、乒乓球、毽子……短暂地放下学习的压力，释放出在这最美好的青春应有的风采。毛叶杜鹃也以这样的热情和奔放装点着校园。此时我也在校园里急忙地奔跑着，并不是下课时散心，而是去办公楼交一份文件。这是有关我文科转理科的申请，上面有我母亲和我的签字，将要递到宗焕波主任手里。我的内心十分忐忑，全速地奔跑也难以平息这种激动——因为我知道，从来没有人这么做过，而宗焕波老师不一定会同意我的申请。众所周知，年年都有理科转到文科的，因为相对轻松容易，没有文科生会在课程落后的情况下重新追赶广度、难度、深度都大得多的理科课程并且转到理科班。这似乎是不可打破的铁律。可惜上交申请之后，宗焕波老师并没有第一时间答复我。入夏以来，毛叶杜鹃也并没有因为燥热而凋零，反而更加努力地汲取着那一场场短暂而猛烈的夏雨，开得更加旺盛、更加茂密。是啊，原产于天府之国的杜鹃花来到了遥远的岭南，亦能够在这里扎根立足，其色泽和热烈不输原来的样子，与三中的长夏浑然一体，自得其所。

在一周漫长的等待之后，周末一通电话打进来，是同意我转科的消息。或许是念在我在原班级成绩也较好，肯定我的学习能力和适应能力，又或许是看在我反复询问和坚定要求的情况之下，无论如何，这样的结果无疑是来源于南宁三中因地制宜、因材施教的理念。正所谓“无偏德智之育，无违真爱之情”，在宗焕波老师以及其他校领导的关怀下，我进入了理科压力最小的一个班，方便我适应全新的理科学习。

秋季学期开学，虽有七月流火之意，但是南国的暑气难却，甚至直至冬月，仍然是被温暖所笼罩。这样的天气正合了毛叶杜鹃的意，矮小的身材刚好可以顶住夏末初秋的台风和秋雨。若是狂风骤雨，毛叶杜鹃也不易被风雨侵袭，头顶是挡风雨的巨榕，而根深扎泥土。任凭台风呼啸，雨点拍打花瓣，毛叶杜鹃并未就此零落，而是在一场场风雨过后依旧安然地绽放在花圃中。

对于刚进入高二的我来说，这是一个艰难的开始。我一边跟着新课，一边补着以前落下的内容。我的班主任蓝仁敏老师，给了我很多帮助和支持，无论是精神上的还是学业上的。课堂上，蓝老师的讲解绘声绘色，生动活泼；课堂下，面对学生的问题，蓝老师知无不言，倾囊相授；课堂外，蓝老师和同学们打成一片，同学们的诉求都能得到满意的解决。令我难以忘怀的是，上个学期末刚来到理科班时，我第一次化学周测，测的是有机化学，得了65分。我很清楚，这对于高考必拿满分的有机化学题来说，是远远不够的。开学后，我经常去问蓝仁敏老师问题，无论是简单的官能团名称，还是复杂的同分异构体、合成路线的书写，蓝仁敏老师总是能一五一十地给我讲清楚讲明白，这让我的学习迅速走上了正轨。

我心想着进入理科班的第一次月考定要旗开得胜，就在毛叶杜鹃的绽放下，我不敢放过一丝丝机会。最终，得偿所愿，化学成绩排年级第44名，总分排年级第76名。这远远超出我当初的预期，也远远高于我分班前的理科成绩，在这热情而奔放的时节里，我得以战胜过去的自己，离不开蓝仁敏老师的鼓励和教导。

时光飞逝，日月如梭，一转眼就是高三的百日誓师大会。我清晰地记得，那是个较为寒冷的春天，换句话说，这是南宁少有的春天，毛叶杜鹃已经悄然开放。全体老师，包括校领导们都穿上了鲜红的衣服，站在一起，为同学们加油助威，正如那整片的毛叶杜鹃，热情似火，彰显着三中的信念与勇气，预示着三中的胜利。时隔两年，再看毛叶杜鹃，或许不是之前相同的那一枝那一朵，但在枯荣转换中，那一片杜鹃依旧如此，或许开得更加茂盛。这时的我也与当时稚嫩与迷茫的我不同，已经是将要步入考场的战士。也是时隔两年，我向学校递交了另一份申请，是关于我转去进度更快的班级的申请。那时，办公楼三楼人来人往，许多团委的同学在吕泉孜老师那里办事。内侧的一间是王祥斌主任的，里面有许多同学等着了，有办理走读外宿申请的，有换宿舍的，我穿过他们，一言不发，把我的申请递上。王祥斌主任是重视学生的诉求的，不到两天，就通知我把书搬到原生化竞赛班。毕业后我细细思忖，这个安排无疑是极为明智的，新班级的学习气氛和节奏更适合我，更何况新班主任覃玉佼老师是我的语文老师，熟悉我的学习情况。覃玉佼老师的语文课是深入浅出的，她常用巧妙的方法让同学们在无意中积累素材和解题方法。触类旁通的课堂是有趣的，少了应试的机械，多的是语文的纯粹。

临近高考，天气也是一天比一天炎热，毛叶杜鹃又回到了夏日时的那种朝气。毛叶杜鹃和其他高三学生一样，热切地期盼着，那一天的到来。整个学校此时的气氛显然是紧绷着的，没人敢松开那一根弦。纵使行人步履匆匆地经过花圃，也抽不出时间看上一眼，但毛叶杜鹃依然在那无私地绽放。就在考前一周多的一个夜晚，三中为我们举办了壮行音乐会。所有高三的同学和老师齐聚在绿茵场上。那是个属于三中、属于青春的夜晚，当音乐响至高潮，瓢泼的夏雨倾盆而下，披着雨披、打着雨伞的师生们的热情亦被点燃。那毛叶杜鹃，在这一夜饱受滋养，奔放的夏雨混杂着三中人激动的泪水。

当高考那一天来临之时，一排排老师和家长穿着鲜红的衣服，考生们登上鲜红的战车，毛叶杜鹃也用那红色的姿态为我们做最后的助威。我们在车中向外看去，不断往后的是陪伴我们三年的老师们，还有那美丽的三中校园。我们满怀热情与兴奋，驶向高考考场，驶向梦想的彼岸……

我们如毛叶杜鹃般绽放，开遍大江南北，保持着三中人始终如一的坚持与恪守、热烈与奔放。花开不败，芳华正好，三中的“敦品力学”，三中的“真·爱”教育，早已不仅仅是校训和理念，而是融入三中人内心与灵魂的深刻印记，随着那段韶华的记忆，永存心中。伫立在灌木丛旁，总能找到那一抹绽放的色彩，是那在风中婆娑的毛叶杜鹃，是那三中独有的精神。

·撰写 / 钟宇浩

软枝黄蝉

软枝黄蝉／学名：*Allamanda cathartica*

夹竹桃科黄蝉属多年生藤状灌木，是校内常见的观赏花卉，分布于青山校区D栋与E栋教学楼之间，网球场附近也有分布。花橙黄色，花冠漏斗状，枝叶有乳汁，全株有毒，具有杀虫的功效。性喜高温多湿、阳光充沛，但不耐寒、不耐旱，适合在排水良好、肥沃的土壤中种植。植株丛生繁茂，花色艳丽，花期持久。每到花期，黄灿灿的花朵簇拥形成一片金黄的色块，给人以最直接、最强烈的视觉冲击，具有较高的观赏价值，使校园景观丰富多彩。

软枝黄蝉不仅具有重要的观赏价值，而且其枝、叶、根等组织的提取物具有抗氧化、抗真菌等作用。

·撰写／唐露珠

山寺软枝黄蝉

佚名

枝软随风播艳芬，

云山深处避红尘。

参禅坐守明黄色，

悟道阳光翘首亲。

软枝黄蝉，五片薄如蝉翼的花瓣，呈现出一种鲜艳而纯净的明黄，象征热烈、光明。可就是如此明艳的花，却生长在云山深处，它躲避了滚滚红尘，远离了人世凡俗，明艳下多了一分朴素与内敛的美。

高僧参禅悟道，体味清静，自然宜心。有了软枝黄蝉那一抹明黄色的加入，有了一丝丝明媚的阳光的照耀，山寺的寂静中有了柔和，有了亲切的意味。这种巧妙的调和，让这首参禅诗跳出了往常古寂、空灵的风格。

· 撰写 / 梁雪梅　绘画 / 黄钇棋

软枝黄蝉

春夏时节，天鹅湖到鸳鸯楼的那条道上的花树总会酝酿一场繁花盛宴。占满整个春天的，是道路两旁一直绵延的高大灿烂的无忧花，还有宿舍楼门前那两株粉嫩娇小的假苹婆花以及鲜亮艳丽的木棉花，一路走过去，头顶好像闪耀着一片彩霞。记得临近高考时，初夏将近，虽然已经是红火零落，但紧接而来的又是一团别样的锦簇，一棵大花紫薇层层叠叠堆满紫花，抬头看去像是一座紫云环绕的山巅，而不用抬头就能闯入你的视线的嚣张明亮的黄色花团，那是软枝黄蝉。

在身处亚热带季风气候区的广西，软枝黄蝉确实是比较常见的园林景观花。它属于灌木的一种，以其不会过分高大的特性，常常被栽种在两棵乔木中间，既迎合了软枝黄蝉畏惧骄阳的脾气，也使得树下不至于单调得只剩下树干，高低错落，别有韵味。三中文科楼前的草坪上就是这么布局的，高挺笔直的大王棕中间隔着一丛软枝黄蝉，就像邻家大哥哥带着小妹妹玩耍一般，活泼可爱。只是那里的软枝黄蝉常常被修剪得只剩下稀疏的枝条，很少能看见它们花枝招展的样子，比不过旁边的蔓马缨丹，开成了一片花海，几乎要漫了出来。

在高三匆忙的日子里，走在路上看一看两边的植物，不失为一种消遣。在那条道上，我总是不自觉地被两旁的软枝黄蝉吸引，恰似走马观花，虽然看得不真切，却也可以知道随着时间的流逝，那细长柔软的枝条在春风吹来时抽出嫩绿的新叶，先是挤在一起的一堆尖角，其实是轮生叶序，每节上生3到4叶，长开了就变得翠绿舒展。它的叶片质地柔韧而薄，叶面无毛，两面扁平，阳光透过上方的无忧花的树影斑驳地洒在上面，不会产生刺眼的反光，而像是被框进了油画框里，色彩饱满，满目的生机盎然。当夏天的气息开始弥漫，枝条上冒出了花苞。它的花苞一开始是纺锤形的，底部晕染着淡紫色，像是拿毛笔勾勒上去的，等花开了，则好似一袭夺目的黄色礼裙。软枝黄蝉的花具有短花梗，花萼裂片披针形，花冠橙黄色，裂片卵圆形或长圆状卵形，顶端圆形，看起来犹如一个裂了几瓣口的喇叭。软枝黄蝉的柱头藏在花冠筒喉部，花药呈圆锥状紧贴排列在柱头上方，一眼看上去雄蕊和雌蕊都不甚明显，就好像没有“花心”，因此人们常把它比作“不花心的好男人”，这也是软枝黄蝉别名“男人花”的由来。这是一件有趣的事情，人们喜欢给事物赋予不同的含义，花草树木也不例外，于是花独自绽放着，大多数时候只单纯地为了繁衍，人们看着花儿也各想各的。我看花，则只是留意在我奔波的日子里，那些枝条又缀上了几朵小黄花。由于是聚伞花序顶生，软枝黄蝉的花从中央顶端开始绽放，然后蔓延至整个枝条。我在努力备考，它在努力开花，在某一天我忽然发现，一路已是繁花，而现在则意识到那道蓝天白云下曾日日可见的绮丽风景线，已经成了回不去的记忆。

黄蝉分为两种，一种是软枝黄蝉，一种是硬枝黄蝉，后者通常直接称作黄蝉。我其实早在高中以前就认识黄蝉，小学时和伙伴们嬉戏时发现了一丛像是开着喇叭花的灌木便走近观察，那是两株茂盛的硬枝黄蝉，比我当时的个子高得多，枝条也比较聚拢硬挺，不像软枝黄蝉那般婀娜多姿，花色也比软枝黄蝉更深更鲜艳，其余的样子和软枝黄蝉差不多。偶然间，我们在众多绿叶中发现了一个长满刺的小绿球，伸手一抓，却又立马缩回来，原来那刺是硬的，扎得人手疼。但我们毕竟是顽皮的小孩，发现了这个小球便计上心来。我们小心翼翼地摘下它，找一个不知情的人佯装握手，在握手的那刻对方就会领略到这稍带痛感的“好意”，恶作剧得逞后我们便开怀大笑，全然没有意识到那球的刺也戳向了自己。可惜那时正值夏季，黄蝉还没开始大规模结果，找了很久也只找到了两三颗，有一些刚结出来的小果，周身布满的还只是软软的毛，丝毫没有杀伤力。于是那段时间我每日都跑到那两棵黄蝉间观察小果有没有长大，好完成我的“小计划”，可惜还没等到它的果期，我的兴趣就消退了。黄蝉的果期在冬季，蒴果球形，有长达 1 厘米的刺，未成熟的时候是绿色的，等到成熟了就会变成褐色，挂在枝头上像一个小刺猬。蒴果熟透了就会开裂，露出种子。黄蝉的种子扁平，边缘膜质或具翅。升入高三的那个秋冬季，我总是找软枝黄蝉有没有果实，看到了它们的枝头挂着不少小球，心里有种发现宝藏的满足感，却不会再像小时候那般把它摘下去恶作剧。但有时和朋友一起走回宿舍的时候，我会邀请她去尝试握一下那个充满尖刺的小球，然后告诉她我童年的故事。

以前无知，为写这篇文章而查阅资料的时候，我才知道软枝黄蝉属于夹竹桃科，而夹竹桃科的植物一般都有毒，软枝黄蝉也不例外。它的乳汁、树皮和种子具有毒性，一旦误碰或者是误食，就有可能使人中毒，所以观赏软枝黄蝉时不要触碰它的枝干，更不要折取枝干，要做到远观而不亵玩焉。或许多亏了我那三分钟的热度，没有执着于那带刺的小球，所以逃过一劫，幸甚至哉。

花不语，但每种花都有花语，我不知道花儿们是否也认同，在网上查到软枝黄蝉的花语是热爱光明，追寻着光明的未来，怀揣着信念勇往直前。我觉得软枝黄蝉带给我的一片美丽的灿黄，就是我记忆里的光明，那些欢声笑语，会陪着我往前走。

·撰写 / 梁雪梅

石榴

石榴／学名：*Punica granatum*

千屈菜科石榴属落叶果树，灌木或小乔木，又名安石榴、丹若、若榴木等，原产于巴尔干半岛至伊朗及其邻近地区。古书《博物志》和《群芳谱》中记载石榴在汉朝时经丝绸之路传入我国，可见石榴在我国有了两千多年的栽培历史。石榴被人们誉为“天下奇树，九州名果”，其种类多样。据不完全统计，我国有石榴品种类型近三百种，按照用途可分为食用石榴、观赏石榴、食赏兼用石榴和药用石榴。

在三中青山校区主要分布在旧实验楼，在五象高中部分布在女生宿舍校道旁。石榴果实营养丰富，维生素C含量比苹果、梨要高出一两倍。果实颜色艳丽，极具观赏性和实用价值。石榴多籽，暗喻着南宁三中学子越来越多。石榴花期5—6月，与高考同期，榴花似火，暗祝南宁三中高考辉煌，南宁三中学子未来的生活一定红红火火。

·撰写／赵月月

咏石榴

〔隋〕魏澹

分根金谷里，移植广庭中。

新枝含浅绿，晚萼散轻红。

影入环阶水，香随度隙风。

路远无由寄，徒念春闺空。

“新枝”“浅绿”“晚萼”“轻红”描绘出石榴树的枝叶开始长出新枝，花儿才染上淡淡的轻红的图景，表现出初春时节万物欣欣向荣的趋势。石榴树影映入环绕台阶的池水中，清幽的花香伴随着穿过缝隙的风儿四处飘溢。如此美景，诗人睹花思人，故美景之下隐含诗人淡淡的情思。

在这首诗中，石榴主要起到渲染美景和深化意境的作用，诗人借助石榴的形象表达对闺中女子的深深爱恋，这是石榴象征爱情的意象在古诗词中的运用。

石榴还是团圆的象征。每逢中秋佳节，恰是石榴成熟的季节，亲朋好友常常互赠石榴、月饼，以示祝愿合家团圆、美满幸福，同时也是借石榴吉祥之意以求月神赐福，体现了劳动人民对美满幸福生活的追求与向往。

石榴文化内涵的现代凝练，则主要体现在团结友爱、铸牢中华民族共同体意识这一层次。石榴籽千籽环抱，抱得紧致结实，就像五十六个民族紧密团结、互帮互助。因此，石榴籽象征着伟大的团结精神和巨大的团结力量。

作为三中学子，我们应树立团结意识，弘扬团结精神，凝聚团结力量，让班级更具凝聚力，让师生更具向心力，让学校更具团结力，像石榴籽一样紧紧抱在一起，从而更好地践行南宁三中“真·爱”教育，推动南宁三中向远向好发展。

· 撰写 / 陈晓丹　绘画 / 孙哲熙

石榴红火映青山

“榴枝婀娜榴实繁，榴膜轻明榴子鲜。”初夏时节，漫步于三中校园，见枝丫间燃起一团团榴花、烧了一片片云霞，如三中学子般紧密相拥，永不分离；榴枝奇崛而不枯瘠，清新而不柔媚，似三中学子般不怕艰难、奋发向上，焕发着勃勃生机。

一、年年此日一花开

我们若石榴，无论天涯海角、世事变迁，我们仍紧密相连，情谊不减。

风拂过，石榴树叶沙沙作响，满树榴花相簇而舞，高76（5）班的学长学姐们的感人故事随花瓣的飘动缓缓浮现。

他们初入校园时如晶莹的榴籽，青涩单纯，彼此间还未熟识。可在班主任郭先安老师的殷殷教诲下，他们共同学习劳动，渐渐熟悉起来。坦诚相待、真心面对，共叙同窗之情是他们真实的写照。时光荏苒，三年悄然即逝，他们已褪去稚嫩羞涩，心灵紧紧相连，情谊牢不可破，在阳光下晶莹、透亮。

白驹过隙，38年后的金秋十月，他们在甘锦莲班长的召集下相聚一堂。分别数十载，容貌变，心却不变。大家兴奋地寻找着梁洁班长，想共同追忆中学时光。可天不遂人愿，梁洁班长不幸因病逝世。众人闻之，纷感震惊悲痛，不禁涕洟迸落。聚会当天，高 76（5）班的同学们从五湖四海匆匆赶至四厦岭，吊唁缅怀亲爱的班长，并捎去由班主任亲笔书写的悼文。大家次第上前为班长献上鲜花，献上祝福——愿他在天堂不再有病痛，而后缓缓退下，追忆着与他相处的点点滴滴，暗怨命运的不公。“天昏地暗，欲催断人肠。病危时未亲探视，极愧疚，悔恨长！”

又是一年盛夏至，窗外的石榴树又燃起了情谊之火，青春之火。那是无数三中学子用深厚的同学情共聚成的三中之火，它将永远燃着！

走过 125 年岁月，愿所有三中学子都似石榴团结一致、紧密相连、共赴前方，共筑三中新辉煌！

二、石榴花发满溪津

切开石榴，只见玛瑙般的石榴籽儿红白相间、密密麻麻，一颗颗你挨着我、我挨着你，如同三中数不清的优秀学子般，在三中的历史长河中留下点点印记。

2019 届的周弘毅学长，18 岁便被保送进清华姚班，连续三年获得奥数金牌。他在 2017 年以广西第一的成绩勇夺中国数学奥林匹克竞赛金牌，成为广西高一选手在中国数学奥赛夺金的第一人；2018 年在中国数学奥林匹克竞赛中获金牌，参加全国高中数学联赛获得金牌，参加全国中学生物理竞赛获得省级一等奖；2019 年在中国数学奥林匹克竞赛中获金牌，在全国中学生物理竞赛中以广西第一的成绩摘得银牌。他深知科研工作的困难与艰辛，却仍为了祖国的日益强大而坚定不移地在自己的理想道路上前行，为祖国做贡献，体现出三中学子不畏困难、为国奉献的品质。

2010 届的陈刘俊学长，2007 年考入南宁三中理科实验班，2010—2017 年在武汉大学本硕连读，病毒免疫学硕士。现在他是一名检验科技师，2020 年在抗击新冠疫情最前线——武汉市第四医院检验科病毒核酸检测组，主要负责新冠病毒核酸的提取和检测工作。他在疫情最严重的时期，勇敢逆行，为保护国家和人民的安危不惜把自己的生命安全置于危险之中，将国家利益置于个人利益之上，体现了三中学子们顽强勇敢、努力奋斗、无私奉献的精神。

除此之外，黄幼岩校友、金姝含学姐、陈可学姐、“蒙神”等等，都是南宁三中的优秀学子。石榴多籽饱满，寓意着南宁三中的优秀学子越来越多，前途不可限量。

褪去春意融融，又是一年盛夏。漫步在三中校道上，路过三中的旧实验楼，石榴花开，飘香十余里，沁人心脾。

三、最是榴红入人心

轻轻剥开石榴，一粒粒红紫色的果实紧紧簇拥在一起，咬开粒粒石榴籽，那独特的红色晕开，清爽甜润的汁水停留在口齿之间，存留心际。

石榴，是自由、奔腾、有生命力的象征。我们的人生应如石榴这般自由与随心，青春应似石榴这般充满活力与梦想。2021年参加高考的文科班的陈可学姐，从小便怀揣着北大之梦，这个愿望深深扎根在她的心底，照亮了她一整个青春年华。北大的一切，都令她无比神往，而书桌上的北大手绘明信片成为她前进路上的“护身符”，更是承载着她对燕园的执念。

时光匆匆，窗外的石榴花亦经历着花开花落的轮回，清新的石榴花香弥漫，陈可学姐度过了属于自己拼搏的高中三年。

三年时光漫漫无期，而她也在一次又一次的等待中，邂逅了专属于她的那一场石榴花开。

三年有笑也有泪，感受过成功的喜悦也遭受过失败与挫折的打击，但是在追求梦想的道路上，她从未放弃过自己，而是以热情与充满活力的姿态勇往直前，以迎难而上与不断奋发的精神为自己插上追梦的翅膀，书写青春华章。

榴红似火，它散发着生气勃勃的生命力，像火那般自由、热情，不怕威压，不断奋发向上。陈可学姐曾说过：“作为一名文科生，学习文史哲，让我纵观古今，与时代脉搏同频共振，融家国情怀于血脉之中。它们是护身铠甲，让我敢于在高考考场上，甚至是在追求梦想的道路上，杀伐决断，无惧一切。”一字一句，饱含着她的无限热情和她无畏困难的一番风骨，她正如窗外那灿烂的石榴，通过自己不懈的努力，让三中迎来姹紫嫣红的春天，绽放属于自己的青春之花。

那棵石榴树永远笔直地挺立在旧实验楼前，石榴花永远那么热情，那么灿烂，见证着无数三中学子的奋斗征程，也见证了南宁三中走过的125年峥嵘岁月。最是榴红深入人心。

四、火光霞焰递相燃

石榴树常植于院角，迟于其他草木开花，自甘寂寞。潘岳的《河阳庭前安石榴赋》称赞石榴："处悴而荣，在幽弥显。"江淹《石榴颂》："美木艳树，谁望谁待。缥叶翠萼，红华绛采。炤列泉石，芬披山海。奇丽不移，霜雪空改。"其中不仅写石榴的形象之美，还包含着对石榴树品性的赞叹，那经霜不改的品性正是坚贞人格的象征。

刚毕业的22届学长刘以奇曾在我初三那年到我们班上做过学业分享，当他在讲台上用平静的语调说出他同时兼顾竞赛和高考的经历时，那艰难而孤独的往事仿佛重现眼前——当自己的成绩在班上并不突出时，他从未放弃过数学奥赛，也不曾有过迷茫，而是兀兀穷年地钻研眼前的课业，矢志不渝地坚持自己在初中时便立下的数学奥赛之梦，执着于自己对数学，或说是对学习本身发自内心的热爱。在他结束分享后，教室里响起了经久不息的掌声。他的初中班主任黄小珊老师评价他是"一个'纯粹'的学习者"。

那时，我们并不知道他如此纯粹、如此坚定的动力源于何处，直到我也迈进了南宁三中的大门。

一棵石榴树生于旧实验楼前，立于草坪一隅。纵是不若毗邻之树高大，也从未有所怨言，只是独自面对着风风雨雨。六月盛夏高考季，火红的石榴花盛开，绽放出多年积累的心血，把辉煌展现给世人。而在那之前，更多的是默默无闻地忍受寂寞，坚韧生活。

·撰写/施杨紫嫣　佘雨珊　潘筱岩
黄思语　王远为

金花茶

金花茶 / 学名：*Camellia petelotii*

山茶科山茶属灌木，高2—3米，花腋生或近顶生，花瓣金黄色。1933年，金花茶首次在广东防城县（今属广西防城港市）被发现，后经调查发现全世界90%以上的野生金花茶仅分布在此地，极为罕见，因此被列为国家二级保护野生植物。金花茶含有400多种营养物质，如茶多糖、总皂甙、总黄酮、茶色素、蛋白质、维生素B1、维生素B2、维生素C、维生素E、叶酸、脂肪酸、β－胡萝卜素等，具有降三高、提高人体免疫力、促进睡眠、排毒养颜、清热解渴、解酒护肝、润肺止咳等功效，被誉为“植物界大熊猫”“茶族皇后”，国外称之为“东方魔茶”。金花茶因其花瓣特殊色泽的遗传基因而具有很高的科研价值，同时也因此具有极高的观赏价值和经济价值。金花茶在南宁三中主要分布在青山校区D栋教学楼南侧及生物园，零散分布于教工宿舍区，花开时节它惊艳的姿态惹得人流连忘返，它是大自然赠予三中的无价之宝。

·撰写／侯雅文

山茶

〔宋〕苏轼

游蜂掠尽粉丝黄，

落蕊犹收蜜露香。

待得春风几枝在，

年来杀菽有飞霜。

山茶，生于丛山之中，长于延绵之脊。花期自10月至来年5月，眼见花败，经历严寒，又见花开。茶树芽尖，不参天而耐风雪；茶花色华，高气节而坚品行。蜂游粉黄不惧，蕊落蜜露不止，一冬尽去，春风中孕育着茶的希望，即使来年陨霜杀菽，依旧临风而华，生生不息！

山茶花生于岭南，在中国古代，不似牡丹艳，不似寒梅秀，少入世人眼帘，正如中国人几千年来悠然沉稳的本性。山茶花不图虚名，亲切淡泊，偶现于世成于诗，无一不赏。金茶花尤甚，孕育于十万大山之中，直到20世纪才被发现。金黄悦心，其花可煮茶，其叶可入药，全心奉献，不顾自身，被誉为“茶族皇后”。

三中校园里的金花茶更像是一个旁观者、记录者，她用一代一代的开落将金花茶的秉性与三中的精神紧紧地融合在了一起，坚韧至极，真爱至极，奉献至极。

·撰写 / 覃喆骏　绘画 / 谢煜琦

南宁三中一百二十五载春秋，波折几度，事迁几何。人事即是人世，三中校园里一日一日的流云匆匆，正如盛夏一树一树的梧桐枝头的风。学生们苦学成才，伤别留恋；老师们苦心育人，笑送成才。那从静静站立的金花茶是这一切的见证者，她缓缓道出三中从未改变的品格。

茶树见证了盛夏，只是见证。夏日对于三中而言是离别，也是收获。又一届毕业生乘上红色的送考车前往考场，老师们站在车旁，拥抱、击掌，行云流水。不同的情境，相同的心境。杨丽红老师温柔地举起右掌，温暖而有力量，淡定而从容；罗洪均老师和同学们握手久久不放，似乎在这短暂而又长久的接触中有传递知识的魔法；黄小斌老师把手举得忽高忽低，在一伸手就能碰到的时候忽然举高，在同学们默契相击之时会心一笑。送考车去了又回，终于不再归来，但茶树始终在这里，哪怕已不是盛夏，她仍记录着。人们猜测着树上一丛一丛的是扁桃还是芒果，望着一年的丰饶，不识茶树，不见茶花，但这并不妨碍茶树默默地见证。山茶见证了温情，温情何尝不是山茶的见证者？或晴或雨，茶花不言，温情守候。

茶花盛放于寒冬，不只是盛放。我曾问过茶花，为什么要在这寒冬中盛开呢？她只是盛开着，并无只言片语。我为她思索一个理由。傲雪凌霜的高尚气节？太空。不与其他花从争奇斗艳？太俗。广西的冬天总是微风夹着冷雨，这金花茶却世世代代盛开于这岭南之地的寒冬。也许在春天，连日春风化雨，一场春雨一场暖；也许在夏天，亚热带季风带来的丰沛降水滋养生灵。但是她却守在苦寒之冬。后来我意识到，这哪有什么理由呢？就像南宁三中为什么会在南宁，答案是显而易见的。一切是这么的自然，已分不清是这一方水土滋养了茶花，还是茶花成就了这片土地，但它们早已相依相融，不分彼此。

冬日茶花张开了眼睛，她是亲历者。刚入冬时，晴空正好，校园依旧喧闹，正是举办校运会的好时候。集体跳绳向来是最激动人心的，二十三人的集体，考验摇绳者的意志，考验跳绳者的配合，考验指挥者的统筹。跳绳是一门艺术：作为一项技巧性的项目，体力和精力同样关键。当跳过一百下的时候，她看到同学们如释重负的神情，看到瘫坐着的身体内熊熊燃烧的灵魂；当状态波动久攻不下的时候，她看到统帅平静的双眼，看到温和的双眸下坚定的信心。黄小斌老师总会到练习场地上来拍摄练习视频，然后回到班级的电脑上去，与同学们一遍一遍地复盘，一回一回地修正。个体的成功是偶然事件吗？需要努力，需要运气，但真正的盛放向来都不只是成功，亦成亦败、亦顺亦逆，成功只是心境的赠品。

“未来不迎，当时不杂，既过不恋”，当生命只由自己定义，不骄不怨、团结一心，又怎不会迎接必然的盛放？

冬的故事还很长，长到金花茶都快记不住了。在零散的记忆里，在刺骨的冷雨中，金花茶并没有强守着渐渐稀疏的蕊，但也无惧于这晨昏交替的冬。她看到覃玉佼老师在楼层间往返，身边总围着一群好问的孩子；她看到闫凤强老师在夜色中肩负布袋，步履匆匆，远处的办公楼刚刚进入长眠的夜。但夜不会陷入黑暗，她听闻杨丽红老师案前的灯长明，直到上千份试卷见了底才熄灭。凌晨的天空不只容纳了奋斗的孩子，更是默默容纳了一切坚守的灵魂。夜从来不是不可抗拒的。灯亮起，便当作白昼；灯灭了，已将近白昼。最是人间留不住，朱颜辞镜花辞树。但夜是坦诚的，花和人何尝有过分别？漫长的日子里，奉献不会说谎。人未眠，花亦未眠。走过这寒夜，是热爱还是理想？人默默，花亦默默，这长夜，总有茶香。

金花茶生于斯长于斯，在木棉飘絮的时候，她和我告别了。人到世间走一遭，总觉得需要留下一些什么。但这点点滴滴对于岁月而言又算得了什么呢？不过是故事罢了。我不将花与人作比。年年岁岁花相似，岁岁年年人不同，生命的盛放与凋零原是一瞬，人即是花，抑或非花，何由作比一说呢？我最后一次看到她们，是成人礼的时候了。高考将至，校园里弥漫着自由而昂扬的气息。那是在爱的浇灌下才会生发的笑，那是源自心底的自信与从容，是脚步的踏实与灵魂的柔软。那笑是无言的传情，是欣慰与自豪。百年的传承中，我一直都知道，这座校园里承载的不只是面对知识的考验敢于前进的士兵，更是延绵不绝的赤诚的梦想，永不止息的奉献的心，又何惧小小的高考呢？我将落去，你也终将落去。但故事将为人传说，这薪火不息的自由真诚将一代一代地随着草木传唱，再至百年，永不磨灭！

草木无情，想来是唬人的。这里的一草一木，我都记得。我不会忘记第一次踏进三中的那个清晨，微雨，沿途是三中葱茏的扁桃树，我心想，真是亲切啊。那时的我并不熟悉这里，也不曾认识金花茶，只是隐隐约约感觉到，这是百年的传承与积淀，亲近得就像精神矍铄的老人和蔼地笑。分别是不由人的意志而转移的，金花茶落去，高大的扁桃树也留不住长成的扁桃。我感恩三中的草木，她像母亲一样轻轻环抱着我，在无数个迷茫的夜消解我的焦虑，给予我以陪伴；我感恩绚烂的金花茶，她在我渐渐淡忘的时候将三中的故事娓娓道来，唤醒我无穷的留恋。这是三中的风土。忽然我意识到，三中已经从内到外重塑了我。我想起我亲爱的老师们，他们热情博学，温和可亲；我想起我可爱的同学们，我们团结一心，坚忍不拔；我想起金花茶。我和三中，原来从未有一分一秒分开过。

数着日子，金花茶又该开了，何其有幸与她共度三载春秋。金花茶落时光影，花欲言，我亦欲言。

·撰写/覃喆骏

苏铁

苏铁／学名：*Cycas revoluta*

苏铁科苏铁属，俗称铁树，株高可达8米，茎干圆柱状，羽状叶。苏铁雌、雄异株，雄球花花序为柱状花序，雌球花花序为球形花序。苏铁生长缓慢，每年自茎顶端抽生一轮新叶，一般15—20年树龄的老树方可开花，因开花不易，故有“千年铁树开花”的说法。苏铁的生长发育离不开铁元素，若苏铁生长得不好，可以在土壤中加入一些铁粉，甚至有人干脆将铁钉直接钉入苏铁的体内，也能起到很好的养护效果。苏铁茎内部富含淀粉，可供食用；种子含油和淀粉，有微毒，供食用和药用，有治痢疾、止咳和止血之功效。苏铁优美而独特的造型，颇具一番风情，被广泛地用作观赏植物。在校园中，苏铁分布于四个校区的各个角落，就像一位位昂首伫立的老人，用充满柔情的双眼凝视着学校的岁月更迭。

· 撰写 / 侯雅文

北国苏铁

〔当代〕王茂忠

万千苏铁北国苦，十载寒暑成侏儒。
不及毛竹破云出，难与苍松比傲骨。
奋聚精华也常绿，熬待花开万骨枯。
指望来日胜松竹，奈何铁花生南处。

苏铁生长速度不及毛竹，也没有松柏那样高大，只能靠自己的努力汲取营养，保持常绿，苦等花开之时的绚烂。正如三中人一样，辛苦沉淀三年，不断取得进步，只希望在高考的舞台上能够尽展才华。

·撰写／易淑文　绘画／陈　楷

熬待花开万骨枯

是夜，一片寂然。夜风绕过几条城里的街，终是刮进了三中的校园里。那刺骨的寒，摇晃着树，拨弄着窗，却撼不动那几道影子。忠贞、坚守，被用来形容那凤尾般的一抹青绿，“苏铁”，是人们给它起的名字。

苏铁是一种裸子植物，年纪极大，最早可追溯到三亿多年前，当时正是石炭纪。在那时，蕨类植物与裸子植物成为地面上的主要植物，陆生生物也飞速发展，一派欣欣向荣的景象。由于此时的泛大陆约99%被针叶林覆盖，它们的光合作用产生了大量氧气，导致空气中的含氧量约为45%，这促进了动物的进化，但也带来潜藏的危机。

植物庞大的数量，极广的覆盖范围，使得整个大陆因为它们的枯枝而形成厚厚的煤层，地幔岩浆活动带来的高温点燃了煤层，猛烈的大火席卷了陆地……但是苏铁没有成为烈火中的一层灰烬，它们存活了下来，又见证了后来的爬行动物的发展，二叠纪末期的大灭绝；见证了恐龙成为陆地霸主，又在须臾间消失殆尽；见证了森林古猿的智慧逐渐增长，开始离开树梢间，在地面上生活。三亿多年，苏铁的历史是我们的一百五十倍。在漫漫时间长河里，苏铁一直屹立在大地上。它不算高，因而在森林中并不显眼，但它一直活着，成为延续至今的种类之一。

三亿多年，不过是地球年龄的一瞬，却也如沧海桑田般长久，生物不断地进化，不断地灭绝。植物从蕨类植物进化到裸子植物，又最终发展到被子植物，但苏铁始终屹立不倒，最终伴随人类的脚步来到今天，成为人们口中的活化石，成为健康长寿、坚贞不屈的代表。

铁树的生长根本不挑土壤，只要气候温暖湿润，只要不种在石头上，铁树都可以好好地活下去。在几百万年里，苏铁依靠坚强的生命力和对自然环境的征服力进化至今，成为裸子植物中的王者，在地球生物漫长的进化史中，留下了属于它的浓墨重彩的一笔。

都说“铁树开花，十年不晚”，那么铁树的花又是怎样的呢？苏铁花，无论是雄球花还是雌球花，都是在绿色的羽裙里竞相开放的。在羽毛状的保护伞中间或紧贴于茎顶的圆形花朵，或挺立于羽叶中椭圆形的玉米柱般的花朵，都黄灿灿的，如诗如梦般美丽、神奇。

历经三亿多年的沧桑巨变，苏铁与现代人类社会的相遇，给苏铁科植物带来了更好的生存环境，也给我们人类带来了更多的思考。

静静伫立，远古的呼唤在 21 世纪的今天直击心灵，引起多少追溯历史之人心灵深处的潮涨。多少好奇的眼神、探索的足迹在美好的时光里穿梭，竟覆盖了苏铁的所有行踪。对苏铁的描述，任何语言都显得单薄无力。我无法用语言来诠释生命的意义，而苏铁的价值更是无法估量。亿万年来，苏铁走过的每一瞬间都是在死亡与再生的临界点上，它以坚强的意志竭力拒绝必死的命运。无论时光如何变迁，苏铁传递的依然是远古的脉动，万川奔流，千峰凝重，日月生辉。纵使我老去，生命的岁月消失得无踪无影，苏铁仍会巍然屹立千秋万代，顽强地繁衍着永恒的生命。

亿万年后的今天，苏铁家族欣然接受人类的所有目光：惊叹，敬畏，赞赏。他们以神圣的静默，迸发出脉动的呐喊：生命在于执着、坚强和永恒！

而在南宁三中的校园中，苏铁融入了三中学子的生活，与我们在三亿多年后的今天共同成长。

在三中校园里，苏铁无处不在。朴实无华的它们，不与绿树争高，不与鲜花比美，以自己作为三中学子的榜样，无言地告诉三中人：要把谦虚牢牢根植于心田。

在楼房侧，在校道边，在每个三中人的身畔，都有它们在守护。它们早已深深地扎根于三中的土地，三中每一天的日出日落都映在它们眼里，每一声欢声笑语都入了它们耳中。它的青叶上闪烁的阳光，正是对每一位三中人的殷殷期盼。每年，它们笑着迎接一个个三中学子，骄傲地送出一批批国家栋梁。它们未曾站上过讲台，但它们同站上讲台的人一样，默默奉献，润物无声。它们用自己的一点青翠，给三中增添了几分绿意。

每天清晨，苏铁第一个伸展叶片，迎接朝阳的光辉。而我们就在朝阳下走进教室，聆听老师的教诲。它们努力伸长根系汲取水源的劲，正像我们努力汲取知识的劲一样强。它们看着我们在田径场挥洒汗水，看着我们在学海中以苦为舟。在不知不觉中，苏铁的精神早已熔铸于我们的脊梁之中。即使未来暴风咆哮，大雨倾盆，也羁绊不了我们的脚步。因为我们的心如苏铁，遍历风雨洗礼而坚定不移，饱经岁月摧残而亘古不变。不论我们走到哪里，苏铁就是我们的根，永远扎在三中学子心里。

正因为苏铁深深地融进了三中的土地、三中的精神和三中学子的心里，所以它才会无处不在吧。

破晓之时，几缕晨光穿透雾的薄纱，洒在穿越亿载的那一抹青绿之上。亿万年前，它凝望星辰大海，静观沧海桑田。如今，它见证着三中一颗颗冉冉升起的新星，在祖国广阔的天空中，闪烁着属于自己的光芒，熠熠生辉。

·撰写 / 蓝嘉浩　梁梓榆　陈胤炜

韦思成　韦泊丞

狭叶木樨榄

狭叶木樨榄／学名：*Olea neriifolia*

木樨科木樨榄属，分枝丛密，萌芽性极强，可修剪造型供观赏，或做绿篱、绿墙，起着丰富空间层次性、连接和过渡硬质景观等作用。

枝条呈现灰白色，密被圆形白色皮孔，无毛，小枝褐色，圆柱形，节稍压扁。叶片革质，狭披针形，先端渐尖，稀稍钝，基部渐窄，故命名为狭叶木樨榄。每年3—9月开花，白色，稍后呈玫瑰色。9—10月结果，果椭圆形，绿色，干时黄褐色，具纵沟纹；果梗短，与分枝等粗；种子有胚乳。

狭叶木樨榄生长于热带和亚热带地区。在三中青山校区主要分布在休闲广场周边以及科艺楼前，有数十株。由于狭叶木樨榄的高度基本在平视范围内，因此当它开花时，同学们可以站到近前观赏花的形态、色彩和闻其花香。

·撰写／庞　洁

清平乐·木樨

〔宋〕朱敦儒

人间花少。菊小芙蓉老。冷淡仙人偏得道。买定西风一笑。

前身原是疏梅。黄姑点碎冰肌。惟有暗香长在，饱参清露霏微。

狭叶木樨榄与桂花不同属。大多数诗所咏木樨应为现在人们常说的桂花。木樨的花不似牡丹般妖艳，枝干也不似杨桦般挺拔，但它却是许多园林常见的观赏植物。它总是静静地守在那里，安静到让你仿佛察觉不到它的存在。在金蕊小花缀满枝头时，它在不经意间将香气弥漫，点缀着自己的一方小天地。它用实际行动诠释了何为“行胜于言”。

桂枝通常用于比喻“出类拔萃之人物”及“仕途”。晋武帝泰始年间，吏部尚书崔洪举荐郤诜当左丞相。后来郤诜当雍州刺史，晋武帝问他的自我评价，他说：“我就像桂树林中的一段桂枝，昆仑山上的一块宝玉。”后用桂林一枝、昆山片玉来形容特别出众的人才。唐代以后，科举制度盛行，蟾宫折桂便用来比喻考中进士。

三中迎宾大道两旁的光荣榜上有着许多届三中优秀学长学姐的事迹以及座右铭。大道两旁散布着一丛丛狭叶木樨榄。这些木樨榄寓意着吉祥、美好，也寄托着三中学子蟾宫折桂、金榜题名的美好祝福。

· 撰写 / 钟琳慧　绘画 / 刘蓉蓉

平凡又不凡的狭叶木樨榄

第一次进入南宁三中的校园，是小学三年级去参加体育舞蹈比赛。小小的我并不知道，这是一所多么厉害的高中。彼时在南宁三中的活动范围，也仅限于逸夫体育馆，还有那片供我和同伴们比赛之余休息的草坪。那时我总觉得那片草坪有些神秘，在灌木丛的深处，藏着一颗大大的金苹果。当时，我对那个差不多有我半个身子那么高，双臂展开都无法围抱住的金闪闪的“大苹果”饶有兴趣，却从未关注过在它的旁边，还围着一圈平凡而又不凡的狭叶木樨榄。

之后的两年，我每年都会去南宁三中参加比赛。彼时正值南宁的初夏，有次甚至遇上了近三十度的高温。蜻蜓和麻雀都只敢在树荫下飞翔，生怕阳光灼伤了它们的翅膀。但是当时还爱玩的我们，总会在午间小憩之时跑到草坪上玩躲猫猫。犹记得，我最喜欢的藏身之处便是那一颗金苹果的背后。见得多了，穿过丛丛枝丫的目光才从金苹果的身上挪到了那些有些恼人，阻挡了我和金苹果亲密接触的灌木丛身上。灌木丛的内部有着复杂而精巧的结构，仿佛混乱无序，却又给人错落有致的感觉。最令当时的我感到惊诧的，是这样诡异的构造到最后竟然能形成一个完美和谐又圆润的“大蘑菇头”；更让我感到惊喜的是，它的枝干上竟缀着丛生的圆锥状小花，散发出淡雅的幽香，沁人心脾。

之后进入三中，再次与那丛灌木相识，离初见也已有了五年之久。那时的我失去了初中时的锐气，在一次又一次的打击下，认识到了自己的平凡与普通。同时，我仍在寻找努力的意义，努力地学习令我头疼的物理和数学，努力地在生物竞赛的道路上摸爬滚打，努力地坚持着自己的爱好。每次考完一场考试，无论成绩好坏，我总是会在那个周末找一个清晨或者深夜，独自一个人踱步在三中的校园里——复盘因果，忘记得失。现在想想，还是前者做得多，后者做到的少些。毕竟作为一个当时眼里心上都只有高考和成绩的高中生来说，忘怀得失还是太难了一些。不过也就是在那个时候，我从三中校园里草木的身上，一次又一次地得到了平静的力量，那是一种向下扎根的狠劲和向上萌发的冲劲。而在那一丛丛圆滚滚的狭叶木樨榄的陪伴下，我也感受到了三中“敦品力学”的意义。

敦品以发而幽香——无论是三中之草木花鸟，抑或是勤恳的老师及学校后勤管理人员，都在以实际行动感染、抚慰和激励着身边的人。

高三快毕业的时候找老师聊卷子才后悔前两年没有多找老师们聊天。如同“大学之大，大在大师”一般，三中的优秀，也在于有很多兢兢业业、勤勤恳恳的老师。上了大学之后，各个学科的具体知识以我从未想象到的速度遗忘，但是对每位授课老师的处事态度以及对我们说过的话印象却是越来越深刻。

最为熟悉的还是曾经的授课老师们吧。印象中最为深刻是杨丽红老师——我们最最亲爱的红姐。红姐无论上课还是做事都有一股子认真劲儿，带着数十年教学的工作经验与育人情怀。这种认真不同于年轻人刚上岗时对新工作的那种一腔热血，而是经历数十年磨砺后的责任心下包裹着的温暖柔情。不过这样日日如一的红姐，也会有“变了”的一天。那是一节平常的物理课，红姐走进教室，走上讲台。不同以往的是，她拉开了讲台上的椅子坐下。上课铃响后，她以一种很寻常的语气和我们说很抱歉，昨晚腰闪了，今天得坐着讲课了。也许就是那一瞬间，我感受到了岁月实实在在地影响着每一个人。如同超人般坚强的红姐也没能逃过时间的魔爪。至今还记得当时的教室沉寂了一会，犹记得当时我的喉咙在哽咽，眼前的世界模糊了一瞬——那一瞬我在和关系亲昵的室友交换眼神，不知模糊世界的是她眼里的那一滴还是我眼里的那一滴泪水。除了认真的红姐，还有乐观的罗洪均老师（罗总）和王学建老师（阿学）。现在想到他们，会觉得很幸运。在高三的时候，每天上课都会有人给我们一边上课一边讲一些段子放松身心。除了理科老师外，四位带过我们的语文、英语老师——周洁、覃玉佼、史玉玲和 una 也在日常的教学当中给予了我们莫大的精神力量。课前演讲、时事新闻、美文分享、每一次考试后的试卷分析……高中同学们做 ppt 展示的频率甚至比大学还高。桃李不言而成蹊，老师们从来不道自己付出了多少，却一直在那里陪伴着我们，和我们并肩作战。

除了老师以外，三中校园里的后勤工作者也是“真·爱”教育的践行者。有一次我因为身体不适无法在教室上课，拖着支不起来的身子回到宿舍躺着休息。进门时宿管阿姨雷玉明看到我面色苍白、全身无力的样子，便去给我煮了一碗挂面送到宿舍。得知我是外地生后，阿姨还总是很热情地邀请我周末去她家吃饭。日常生活中这样点点滴滴的温暖并不少，它可能是水果店阿姨帮剥好皮的水果，可能是打好的一杯正好不会洒出的温热的香芋西米露，也可能是打菜的阿姨手一抖多给的那两片肥牛……正是这些温暖，给了我们学习生活最坚实的后盾，还有摔倒后再站起来的勇气。

他们正如同一丛丛狭叶木樨榄，以自己散发的芳香，潜移默化地为我们营造着一个更好的备考环境，提供着更好的学习资源。而我们就如同那被他们守护着的金苹果，等待高考那束阳光来临时，闪烁出自己最耀眼的光芒。

力学致秀而繁阴——无论是文科生还是理科生，无论是体育生还是艺术生，三中人总是给人一种会学又会玩、综合素质极高的印象。我想，这一切都源于三中给了我们一方自由发展的沃土，一个展示自己的平台。在这里，有丰富的竞赛资源，让我们得以提前接触自己感兴趣的领域，以更开阔的视野来看待高中课程的学习；在这里，有丰富多彩的学生社团，让我们的爱好在紧张繁忙的学习之余有一个可以安放的角落；在这里，有多样的体育课程和专业的指导老师，让我们掌握多样的运动方式，有更多放松自己和与他人合作的途径；在这里，有精彩绝伦的校园活动，招新晚会、校运会、音乐会、艺术节、十佳歌手大赛、辩论赛、主持人大赛、古诗词大赛、商赛、篮球赛、排球赛、模拟联合国……除了广阔的平台之外，还有支持我们的老师们。我的班主任黄小斌老师（大饼）就是一个很典型的例子。我们班是年级里举办活动最多的班级，大饼每周都会给我们安排主题班会，或是在教室里进行节日主题活动，或是游园游戏，或是去到排球场上进行一场酣畅淋漓的比赛，抑或是跑遍校园各个角落寻宝或真人版狼人杀……每一次活动的开展都锻炼了组织者的策划、管理、宣传等方面的能力，让参与其中的每一位同学都得以身心放松的同时，也从游戏中得到了很多学习的经验。

这些活动让每一位成长在其中的三中人都得到了全方位的发展，最终成为一个无限接近于圆的多边形战士。小时候的我不知道长得像“大蘑菇头”一般的狭叶木樨榄是在园林工人的修剪下才会变成那么优美的形状。三中多彩的活动像一剂剂植物生长调节剂，催生着我们分枝发芽，肆意地成长为像狭叶木樨榄一般枝繁叶茂的样子。

这些“大蘑菇头”看似弱不禁风，但其实它们经常成为我们搭放书包或外套的“衣帽架”，也会在天气炎热之时形成一处荫庇，保护自己的内部结构不被灼伤。文体活动看似对我们的高考没有什么帮助，却能使我们的内心丰盈，形成一个错综复杂的枝干网络，从而更好地应对大学的筛选。在面对专业选择时，我们可以更从容地被“修剪”成各种各样精美的形状，同时还能保持自己的姿态和生命力。这或许就是“三中人无论走到哪都还是会优秀”的原因。

草木有本心，何求美人折。青年有壮志，国家何所忧。狭叶木樨榄就这样静静地蹲在三中校园的一角，平平无奇地点缀着自己的一方小天地。它用实际行动诠释了何为“行胜于言”，也在一次次抽枝发芽的过程中将三中敦品力学的校训及“真·爱”教育传承。

走过清晨和日落，吹着夏夜宜人的晚风，在三中的三年高中生活就这样悄然走过。时光悠悠，但我永远也不会忘记我心底那一丛“大蘑菇头”，那守护和装点着我心里的狭叶木樨榄。

·撰写 / 钟琳慧

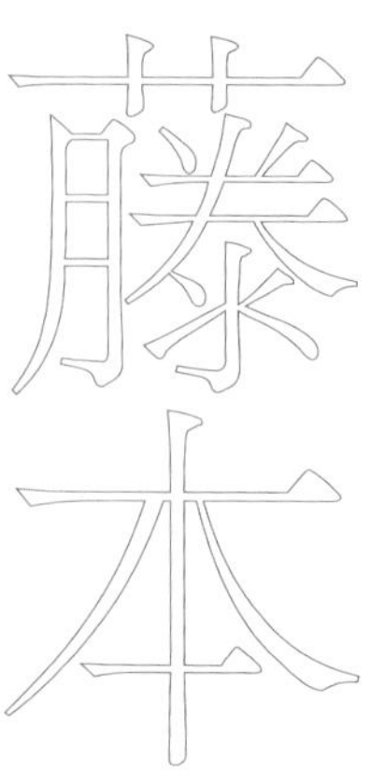

紫藤／学名：*Wisteria sinensis*

豆科紫藤属，是一种落叶攀缘缠绕状大藤本植物。春季开花时，形成青紫色蝶形花冠，花穗层层叠叠构成精致的小花，挨挨挤挤，楚楚动人。紫藤花广泛分布于中国多个地区，具有较高的园艺装饰价值和药用价值，茎皮、花及种子可入药。

紫藤对二氧化硫等有害气体有较强的抗性，对空气中的灰尘有吸附作用，因此在校园中主要用于观赏和绿化。紫藤为温带植物，在三中主要分布于青山校区办公楼前小亭子的棚架上。紫藤枝条蜿蜒于亭子、石柱之间，紫藤花序如瀑布般垂悬而下，午间、傍晚、晚自习课后，时常见到三三两两的三中学子伴着淡淡的紫藤香在亭子里或讨论，或阅读，或静静地思考，这也为三中增添了几分浪漫的色彩。

· 撰写／黄颂毅

紫藤花

〔明〕王世贞

蒙茸一架自成林，窈窕繁葩灼暮阴。

南国红蕉将比貌，西陵青柏结同心。

裁霞缀绮光相乱，蔓雨萦烟态转深。

最是缠绵长到老，羞听泽畔女贞吟。

紫藤枝干嶙峋柔韧，满树紫藤悬垂缠绕。文学中的紫藤总能让人联想到其优美姿态和迷人风采，还有那氤氲的清香。因此，紫藤被引申为爱情的象征，意味着深深的思念和执着的等待。

“紫藤花发浅复深，满院清和一树阴。”开花的紫藤，忍受烈日的毒辣，用繁密的藤蔓为人们遮挡阳光。紫藤牺牲自我，给我们带来清凉，蕴含着无私奉献的美好品德，正如为三中莘莘学子日夜操劳、殚精竭虑的老师们。三中的那一丛紫藤，无时无刻不在教诲三中学子们学会奉献，也无时无刻不在教导学子们怀揣对老师的感恩之心。

《花经》中记载：“紫藤缘木而上，条蔓纤结，与树连理，瞻彼屈曲蜿蜒之伏，有若蛟龙出没于波涛间。”三中校园别有风韵的紫藤，宛若紫色的长河涌动，朝阳生长，在阳光下肆意翻涌。她是飞舞的彩凤，是蜿蜒的蛟龙，是沐浴在粼粼金光中的紫色生命长河，那一抹灵动的紫色，逐渐幻化成了三中独一份的文化象征。校园中这样一树紫藤，正是三中学子胸怀远大志向的写照。“藤花无次第，万朵一时开。”她不仅是在荫廊中攀缘的花朵，还是三中全体师生团结一致、奋发向上的象征，更是三中前途光明、辉煌发展的最好祝愿。

·撰写 / 唐子淇　韦晓霏　绘画 / 李锦雄

紫藤缕缕三中情

初入三中校门，是在九月，彼时的紫藤早已过了花期。因此紫藤给三中人留下的第一印象不是拂人发端的花朵，用耀眼的紫色火焰点亮校园，而是层层叠叠的绿叶密密麻麻地织就一张网，枝蔓肆意延伸，展现出优美的姿态和迷人的风采。枝条蜿蜒在亭梁上，展示着自己和三中的难舍难分。于是，三中就仿佛隐在了紫藤阴影中，从紫藤叶隙，一眼可见逾百年的三中无限思念与执着等待。

一、紫藤枝梢愿景显，展望未来尽少年

从此时此刻溯时间长河而上，三中积淀着不知多少前辈的温情与坚定的过往，闪耀着藤萝的紫色光芒。

一百二十五年前的乌龙寺讲堂，传统中式建筑的檐廊前，可曾长出过这一架紫藤？或许没有吧，在那样动荡的年代，战火纷飞，国家危亡，何处有舒展枝条以荫蔽一方祥和安宁的紫藤的容身之处？而乌龙寺讲堂确乎存在了，确乎站稳了脚跟，确乎在南宁城内点亮了一簇维新的火苗，确乎立下了办学救国的志向。

五十三年前的南宁三中，两层红砖建造的教学楼旁，可曾有过这一丛紫藤？肯定没有吧，时代洪流之下，生物园尚且坍圮，只剩断壁残垣，哪里能容许垂着枝条、招展紫色花序的藤萝张扬？但是生物园也重建了，连带着紫藤生长的亭台也重拾一份葱翠。从“这里再也看不见藤萝花了”到如今浓密的叶子覆盖了一方校园，紫藤又抽枝吐芽重获新生，莘莘学子对未来的展望随着紫藤攀高而愈加清晰明亮。

如今的三中校园内，紫藤的每一条枝都缀了密匝匝的叶子，绿油油的藤条蜿蜒地攀在亭上。“只有君家容易认，紫藤花底读书声。”藤条掩映的亭子中，藤萝垂挂，书声琅琅，英语角的同学们捧着课本，迎来从藤萝缝中穿出的第一抹晨曦；树林阴翳，论辩激烈，放卫星角的学长们指点江山，送走最后一道斜阳。三中的紫藤，既接纳松鼠、鸟雀在其身上奔跑嬉闹，亦引领莘莘学子如它一样坚定执着，越攀越高。紫藤与三中的牵连如它枝条上的纹路一年一年逐渐加深。

紫藤无言，只在三中校园中葳蕤成荫，笼罩了办公楼前的两座亭子。于是，年年春夏，在这走过了一百二十五年的校园中，一簇簇紫色的希望渐渐点亮；时光荏苒，三中则是风华正茂，山高水长。

二、紫藤架下一树荫，无限怀念三中情

当目光由过往尘烟转向藤架下与这植物同样生机勃勃的人们时，紫藤仍旧遮出一帘阴凉，但紫藤架下的年轻面孔，不知变了多少回。彼时他们尚是春日的幼芽，在紫藤架下无忧无虑只顾抽条拔高，此时早已铺展出自己的一片辉煌，但对三中的深深留恋，总放在藤萝花苞之中，温暖、鲜活而熠熠生辉。

古往今来，紫藤代表的精神与情怀代代相传，不曾被忘却。古人诗词中对紫藤一字一句的描绘生动传神，一如三中校园里紫藤的生机活力。一枝一叶总关情，百年名校的紫藤，承载着不知多少三中人对母校的思念。晴日，三中人沉醉于紫藤叶边那一抹倦懒的阳光；雨中，三中人细细品味紫藤上点点风韵。偶经藤下，学子们抬头凝望时，无不在记忆中慢慢检索起古往今来关于紫藤的二三事。

“无限别来惆怅事，紫藤花落寺门前。”寺门边，朵朵飘落的紫色生灵寄寓了无限思念，三中的紫藤也寄托了无穷情怀。曾从花下走过的每一位三中学子，步入大学校门，饱览祖国大好河山时无不怀着对三中的思念。有老校友崔俊海先生携 13 岁女儿回校找寻记忆中的三中，有老校友张波感谢恩师的辛勤付出，有三中校友组成的“老三届合唱团”在异国他乡以傲人成绩回馈三中的哺育……时光荏苒，学生们一批批来往，唯对三中的深深思念似紫藤一般永存。

蜿蜒于木上，沐浴日光中，紫藤绘出了层层暗影。南宁三中在阵阵紫藤花香里，也谱写下无私奉献的曲调。紫藤缠绕，花枝垂美，更有紫藤花架下那一片令三中学子难以忘怀的清凉。三中紫藤无疑为我们雕琢了这般美好的青春回忆。校园里寻得一处阴凉，怎能不勾起对三中紫藤无私奉献之情的怀念？

明朝王世贞有诗《紫藤花》云："南国红蕉将比貌，西陵青柏结同心。"一排排紫藤并肩而立，无声地述说无私奉献的誓言。初建校时，班上热爱唱歌的同学组成"小小歌咏队"，歌声让学习中的紧张情绪得到缓解，将紫藤所代表的奉献精神代代相传。

三、紫藤一架自成林，执着守候终成蹊

藤架下的一批批三中学子，如紫藤花从时间的影子里穿梭而过，一群一群绽放自己美好的青春；而紫藤日日所见，年年所守护的，却永远是青春的学子，三五成群，成为亭下最亮丽的风景线。

在紫藤的荫蔽下，清晨的英语角又聚满了学生和老师。他们有的捧着本记满笔记的英语书，迎着晨光，大声诵读；有的尝试着用英语交流，或讨论学术问题，或分享自己生活中的见闻、感悟，口语渐渐由磕磕巴巴变得流利通畅；还有的拉着英语老师，或问语法，或问发音。老师则眉目温和，专心聆听，谆谆教诲，传道授业，解同学惑也。三中的紫藤啊，岁岁年年执着守候，见证了学生的成长、老师的敬业。好学者与传道者在紫藤下挥洒的汗水，在灿烂的朝阳下熠熠生辉。课间时分，紫藤的枝条随风飘荡。至若春和景明，那枝繁叶茂的紫藤便会爬满架子，在草长莺飞、百花齐放的热闹里投下一片阴凉与静谧，学生三三两两，漫步藤下，饮水观景，谈笑风生，偷得浮生半刻闲；假使恰逢夏月，烈日炎炎，紫藤偏在这时开得繁华，如瀑如霞，或有几多学生，驻足花下，忘却夏日的烦躁，卸下学业的辛劳，沉浸在这绚烂的紫藤景色之中，被紫藤那蓬勃的生机感染，再次变得斗志昂扬，在上课铃响时昂首阔步回到学习的战场；若值秋冬，紫藤花期过了，秋风吹落叶，似乎为秋添了几分萧条，但若无意间踩中了几片紫藤落叶，“咔嚓”“咔嚓”，清脆的响声便在脚下发出，紫藤独有的活泼可爱为苍凉萧瑟的秋添了几分俏皮欢快，逗得那伤春悲秋的人舒眉展眼。

三中的紫藤啊，始终默默守候着，承载了三中学子们学业压力下的放松与欢笑。入夜，放卫星角，几个下了晚自习的学生聚于紫藤架下，或谈天说地，或搬来望远镜，调试仪器，仰望紫藤架上浩渺的星空，放飞少年无畏的梦。

三中的紫藤啊，点缀了多少少年的梦想，又在那放飞无数理想的校园里，默默守候。紫藤于三中人，或许早已不仅是环境宜人的标志、文化底蕴的象征，还是勤奋努力的挚友、彷徨迷茫时的寄托。三中的紫藤，为三中添一份美丽，又多了一份独特。

一枝一叶皆蓊郁，寄我南三人文情。如今已是秋天，三中校园内的紫藤却依然欣欣向荣。缕缕枝条垂于空中，若微风起，姿态婀娜一似江南烟柳。于是，斜射入紫藤荫下的那几寸日光，便被藤条雕刻出了几条斑驳花纹，平添了几抹秋季风情。

恰逢一百二十五岁诞辰的南宁三中，人们看着她的优美姿态与迷人风采，她的深深思念与执着等待，她的自我牺牲与无私奉献，她坚韧顽强的生命力。藤萝编织着的，是她的理念，她的气韵，她未曾动摇的梦想。南宁三中啊，愿你砥砺前行，让办公楼前的紫藤花串，张扬地铺开你紫色的辉煌之路！

·撰写／李章民　刘金柽　唐慧明
张原睿　蒙文冬

凌霄

凌霄 ／ 学名：*Campsis grandiflora*

紫葳科凌霄属攀缘藤本植物，又名紫葳。茎木质，表皮脱落，呈枯褐色，枝丫间生有气生根，以此攀附于山石、墙面或树干向上生长，多植于墙根、树旁、竹篱边。凌霄早在春秋时期的《诗经》里就有记载，当时人们称之为陵苕，“苕之华，芸其黄矣”说的就是凌霄。凌霄花之名始见于《唐本草》，该书在“紫葳”项下曰：“此即凌霄花也，及茎、叶具用。”在三中旧生物园分布有这种美丽的花。每年农历五月至秋末，绿叶满墙，花枝伸展，一簇簇橘红色喇叭形花朵，缀于枝头，迎风飘舞，格外惹人喜爱。

凌霄的生命力非常顽强，有很强的药用价值。花、茎、叶与根均可入药，主治月经不调、经闭癥瘕、产后乳肿、皮肤瘙痒、痤疮、风湿痹痛等病症。《本草纲目》载：“行血分，能去血中伏火，故主产乳崩漏诸疾及血热生风之证也。”

·撰写／刘胜男

凌霄

〔清〕李渔

藤花之可敬者，莫若凌霄。然望之如天际真人，卒急不能招致，是可敬亦可恨也。欲得此花，必先蓄奇石古木以待，不则无所依附而不生，生亦不大。予年有几，能为奇石古木之先辈而蓄之乎？欲有此花，非入深山不可。行当即之，以舒此恨。

李渔之所以敬重凌霄，是因凌霄花开在高处，花开成簇，灿如云霞，望上去有如“天际真人”。凌霄花于高处绽放，为人们所景仰。

在现代，美丽的凌霄花有着它的专属内涵。在花语世界里，它代表着“敬佩和声誉”。另外，凌霄花和康乃馨的赠予意义类似，都寓意着慈母之爱，因此人们经常将橘黄色的凌霄花同青翠的冬青、纤细的樱草一起扎成花束赠送给母亲或给予母亲般关怀的长辈，借此表达对她们的感恩。除此之外，凌霄花还象征着积极向上、志存高远的精神。

“披云似有凌霄志，向日宁无捧日心。”火红灿烂的凌霄花在三中校园里蜿蜒直上，敢于与太阳斗鲜妍，以顽强之态立于校园之中。三中的学子们不正像这凌霄花吗？他们怀有凌云之志，自强不息，积极向上。在这125周年校庆之际，愿所有三中学子都如凌霄花，在灼灼的青春年华里直上凌霄。

·撰写/卓　悦　杜万淳　苏泽凯

绘画/孙小婷

凌霄：青春的师生和高尚的精神

“凌霄不是娇气的花草，它有着耐炎热的特质，它热烈奔放，像一切青春里的青春。”

周彦丞是南宁三中毕业生，他的经历如同志存高远的凌霄花一般。从小，他就在心中树立凌云之志：一为求学之志，清华大学的影子在脑海中显现；一为志趣之向，信息组成的参数锚定了它的位置。

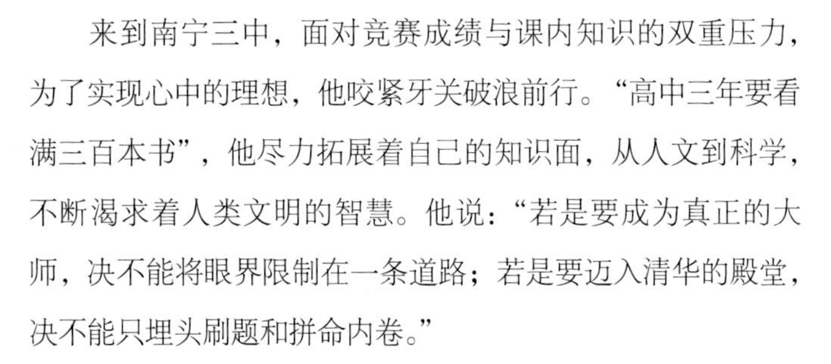

来到南宁三中，面对竞赛成绩与课内知识的双重压力，为了实现心中的理想，他咬紧牙关破浪前行。“高中三年要看满三百本书”，他尽力拓展着自己的知识面，从人文到科学，不断渴求着人类文明的智慧。他说：“若是要成为真正的大师，决不能将眼界限制在一条道路；若是要迈入清华的殿堂，决不能只埋头刷题和拼命内卷。”

三中里，凌霄的生长有园丁的呵护，而周彦丞作为一名竞赛生，南宁三中优秀的竞赛教练帮助他茁壮成长。一周两节的竞赛课程他从不缺席，平时的晚自习他也去机房为竞赛目标而奋斗。高二，信息竞赛的关键时期，在上课、刷题、比赛、讨论的循环往复中，他冲破重重桎梏，进入广西队。

而之后的区外培训，是他求学生涯中最艰难阶段的开始。

浙江杭州，风和日丽，他和志同道合的队友们租住在民宿里，每天都赶赴学军中学进行信息竞赛的培训，品尝着不重样的早餐：鸡蛋饼、虾笼包、芝士糕……周末欣赏西湖如画般的风景。可看似惬意的生活表象，却不知饱含着多少泪水与辛酸。模拟赛，模拟赛，又是模拟赛，面对着看似简单的题目，却毫无下手之力。到了清华信息竞赛夏令营的时候，共有两次考试，他都考得不甚理想，不禁陷入了自我怀疑之中。迷茫时，他想起曼德拉的一句话："生命中最伟大的光辉不在于永不坠落，而是坠落后总能再度升起。"无止境的负反馈循环，已无法阻止下定决心的心灵。八月，周彦丞获得全国信息学奥林匹克总决赛银牌，全国第一百五十六名，广西第一名，如那一藤凌霄花般"直从平地起千寻"。

高三，冲刺高考的最后阶段。缺失几乎一个学期课程的周彦丞，就这么被匆匆裹挟，卷入备考的洪流中。可是，长期的班级垫底，堆积如山的课后作业，如横亘于路途中的高耸山岭，截断了诗和远方。纵使泪水已然洒满了心田，即使失望已然满溢出胸口，还是有什么与曾经的竞赛时期不一样了。因为，那份不可动摇的信念已悄然树立。历经竞赛的洗礼，必胜的意志深深扎根于灵魂深处。

"满树微风吹细叶，一条龙甲飐清虚。"六月，正是三中校园里凌霄花开之时，风拂过，一藤凌霄花仿佛腾飞之龙。与此同时，周彦丞凭借优异的高考分数，成功考上清华大学，实现了从小树立的凌霄之志。

“凌霄托着树木在生长，那柔韧的藤蔓，岁久年长。凌霄的确是有攀附的特性，但是它的主干，却不是藤蔓，而是努力长成硬木，以支撑更长久。”

美丽凌霄，向阳而生。被誉为“金太阳”的金姝含，燕园校门一瞥，她就被西门的雅致大气所吸引，稚气未脱地对爸爸妈妈喊道：“以后我要去这里面读书！”自那以后，每当亲戚戏问：“以后想上北大还是清华？”金姝含的回答都毫不迟疑、掷地有声：“北大。”虽然只是一眼，但“北京大学”这四个字，从此深深镌刻在她的脑海中，朝思暮想，贯穿并支撑着她十余载的求学生涯。

北大之梦，扎根于心，悄然生长。但生活不总是一帆风顺，上了高中的金姝含感到了彷徨与茫然。周围的同学都很优秀，她害怕自己泯然众人，怀疑自己能否置身于金字塔尖，也担心自己能否最终圆梦燕园。金姝含如凌霄花般含苞待放，却无枝可依。矛盾彷徨之际，金姝含的班主任给予了她极大的鼓励：“北大是最好的学校。这个目标虽然看上去有一点遥不可及，但会帮助你达到比预期更高的高度，让你看见自己更多的可能性。”班主任的话让她重新燃起坚定的信念，帮助她找到了梦想的枝条。每每她觉得学习繁重疲惫，觉得成绩不尽如人意，就盯着卧于桌肚的北大西门手绘明信片，那可是她心中最向往的殿堂啊！

出分，揭榜，金姝含如愿以偿。终于，这朵坚韧的凌霄，承载着北大梦想，冲破一切桎梏，在高处肆意绽放，北大即是光亮的那方。

“真爱出自李银白，情深不负金凌霄。”“桃如红玉李银白，桃李争艳春无价。”三中老教师郭先安笔下的凌霄令人神往。如今，凌霄花早已成为三中校园内的俏丽一角，凌霄虬曲而多姿的枝干，大多攀附在其他较高大的树木之上，相较于大树而言，凌霄花就更显得细小，但凌霄花最引人注目的是其能在高处开出灿烂的花朵，这是其他植物很难具备的能力。

郭老与三中的情缘是极深的，她对凌霄花的感情更是令人印象深刻，她曾作下《凌霄花开金灿灿》，赞凌霄“金光灿灿美煞人，流光溢彩众慕歆”。郭老的人生道路并非洒满阳光，铺满鲜花，还有秋天的泥泞、冬天的雪。郭老在自述中曾追忆：年轻时她也历经坎坷，进入老年，老伴又中风瘫痪，生活也就此陷入困境。但无论何时，她都能得到同事、学生、家长、朋友的帮助，得到人间的真情温暖。在“文革”中，郭老与数学组的吴艺玲老师患难与共，真情相待。在生活艰苦的情况下，郭老和同事们互帮互助，共渡难关。在得知自己要被下放至农村，即将离开三中的时候，有学生的妈妈为郭老买了一包糖果，塞在郭老手中并紧握郭老的手不放，更有暖心的家长为她煮了面条。郭老说：“这便是三中的家长，三中的情，他们让我在孤独彷徨中又有了对前途的希望。”人与人之间饱满而丰富的挚爱真情帮助郭老度过了那段艰苦的岁月。所以，我们看到同样饱满、同样蕴含着真情的凌霄花，也不禁心潮澎湃，想起自己曾经也有泪有爱。

如今爱与真情早已化作“真·爱”，成了三中独到的办学理念，也深深镌刻在每一位三中人的心中。人与人之间的挚爱真情也由郭老到凌霄，再影响到每个三中人。凌霄一直开在三中的校园里，“真·爱”也一直邂逅每一位三中人。凌霄的真与爱是三中人永远的人文瑰宝，也在潜移默化中影响并改变了一代又一代三中的老师与学子。

如今，作为新时代中国青年，我们不仅要欣赏凌霄花美丽的外表，读懂它丰富的文化内涵，更要心怀凌云之志，独立自强，勇攀高峰，努力成为中华民族伟大复兴的建设者。

缘分让我们在三中不期而遇，也让我们自发驻足欣赏三中的凌霄。我们因三中缘深，也为凌霄真爱而情深。

正值三中 125 周年校庆，我们用凌霄花代表三中的爱，赞美南宁三中的“真·爱”教育理念，歌颂南宁三中的人文主义光辉。

·撰写 / 何正尧　杨宇辉　彭梓航

陈文宇　李柯霆

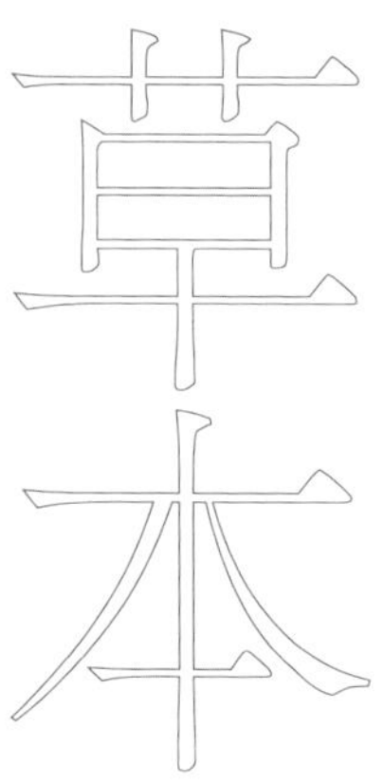

·旅人蕉·

旅人蕉／学名：*Ravenala madagascariensis*

鹤望兰科旅人蕉属，原产于非洲马达加斯加岛。旅人蕉的每个叶柄底部都有一个酷似大汤匙的“贮水器”，可以贮藏好几斤水，只要在这个位置上划开一个小口子，就有清凉甘甜的水涌出供人饮用。而且这个“水龙头”拧开后又会自动关闭，一天后又可为旅行者提供饮用水，旅人蕉是天然的饮水站。因此，人们又称旅人蕉为“旅行家树”“水树”“沙漠甘泉”“救命之树”等。

旅人蕉高5—6米（最高可达30米），身姿挺拔，酷似树木实为草本，叶片硕大奇异，状如芭蕉，左右排列，对称均匀，犹如一把摊开的绿纸折扇。旅人蕉喜光，喜高温多湿气候，夏季不耐阳光直射，须适当遮阴和通风，寒潮来时需移入室内或用塑料薄膜覆盖。同时旅人蕉要求疏松、肥沃、排水良好的土壤，忌低洼积涝。南宁三中青山校区的中心广场、旧实验楼、体育馆南门均有种植，它们不仅为校园的风景加分，还见证了三中学子一路的成长、蜕变。

·撰写／朱丽丽

旅人蕉

〔当代〕**格林**

塞外寒秋归客梦，沙中素影旅人蕉。

花如佛焰开端顶，叶似摇风鼓凤箫。

水蓄深根尘作伴，光浮老干日为标。

驼峰抖颤知心意，旅客躬行尽折腰。

秋风瑟瑟，塞外荒芜，唯有旅人蕉伫立沙中，扇叶随风而舞，看上去寂寞孤独。颔联近观旅人蕉的形貌：扇叶上部的佛焰苞开出蝎尾状花列，恍若真有一团火焰在燃烧；摇风，是扇子的别称，旅人蕉叶宽大如扇，倘能摇动，必是清风阵阵。凝神谛听，会觉得叶片皆化身排箫，风的唇齿于其中吹奏出动人的乐曲。这想必是浪漫诗人耳中的天籁吧，但是对于行路的旅人来说是无关紧要的。且看他们步履迟缓，眼神凝滞，定是口渴难耐，难以支撑。他们当中如果有人稍有见识，一定会因看见旅人蕉而欣喜若狂。旅人蕉常将水分储蓄在叶柄处以维持生长，水量足以解燃眉之急。旅人用手拂去厚积的尘土，划开叶柄处，霎时水涌而出，如汩汩泉水，清亮通透。就这样，旅客终于重振精神，继续赶路。正因如此，过路的人都对旅人蕉尊敬有加，朝着它鞠躬，甚至随行的骆驼也颤动自己的驼峰表示感谢。

本诗通过描绘旅人蕉的形态、生长特点，以及对旅人进行侧面描写，表达了对旅人蕉奉献品格的赞美。对于奉献这一主题，古人多有吟咏，李商隐写下的“春蚕到死丝方尽，蜡炬成灰泪始干”也被引申出奉献之义，但却少有人提及旅人蕉。笔者认为，在现代社会的我们，拥有更多的途径了解植物信息与知识，不妨以此为契机，拓宽植物文化视野，认识植物与人类的精神品格可关联之处，从而对自然、对生活有更加丰富的感性认识。

· 撰写 / 谢鸣谦　绘画 / 谢煜琦

三中有这样一位化学老师，他特别喜欢足球和网球，是球场的常驻选手。每当下午来上课的时候，他总是背着插着网球拍的背包，十分帅气。他有个口头禅，到班级上课的时候，总会说“贵班也有这样的学生啊”“贵班学生也不写作业啊”，时间一长，学生都敬称他为“贵老师”。刚开学的一段时间，如果要找贵老师问问题，去球场蹲点总没有错。他对体育的热爱令人佩服。他教过的学生，往往自豪地和人说：“我的化学是体育老师教的!”

然而，进入高三总复习以后，学生紧张地备战高考，贵老师更是披星戴月地备课，为学生制订更好的复习计划，准备更优质的题目。他身上的背包逐渐装满了试卷和资料，一个网球拍突兀地插在里面，他也很少去打球了。到高考前夕，他发烧病倒了，学生们都为他捏一把汗。贵老师的肝不好，因此不能吃药，他凭借着自己的毅力挺了过去。

就是这样一位老师，在总复习的紧张阶段，也会偷偷从班主任那里要来两节课给学生们上旅游课，疏解他们的紧张情绪。他在讲台上云淡风轻地讲着自己登山时的冒险故事，台下人则被深深地震撼。贵老师以坚强的姿态面对生活，以昂扬的斗志鼓舞着其他人，如同生长于旱地的旅人蕉。

旅人蕉叶柄处的水，可以滋润饥渴的小动物，可以抚慰过路的旅人。同样，贵老师为学生们呕心沥血，默默付出。他以自己无私的奉献，践行了三中“真·爱”教育理念。“春播桃李三千圃，秋来硕果满神州。”相信所有拥有旅人蕉精神的老师，一定能培养出一届又一届的三中优秀学子！

旅人蕉伴旅人

沿着小路，在微凉的秋风中漫无目的地闲走，远远就能看见那硕大的绿叶。旅人蕉，旅人的蕉，就在我们学校里，随处可见。行路匆匆的老师和学生，忙里忙外的工作人员，它见证了太多。时光匆匆，物是人非，一届又一届的学生毕业了，而旅人蕉只是静静观望，在校园的每个角落默默注视，然后送走为目标长途跋涉、翻山越岭的旅人们。学生就像旅人，也许三年来我们只是过客，最后还是要远走他乡，踏上漫漫征途，但满栽着旅人蕉的三中给了我们一个落脚之所，给了我们一个值得留恋之处。我们远走了十几年的路程，正当疲乏之时，这个栽种着旅人蕉的三中，给了我们休息的机会。我们来到这处驿站，一边缓解疲惫，一边收拾行囊，养精蓄锐，蓄势待发。都说旅人蕉会体贴人，现在看来这话是对的。旅人们在它底下乘凉，口渴的时候，还可以在叶柄上划个小口，新鲜的水就会如开闸般喷涌而出，给这些旅人们带来清凉。学生们不缺水，但他们缺知识。于是这好心的天使，就会将我们带到它的身前，带进它的内心，将它的甘甜，它的清凉，它的祝福，送给我们。旅人们喝足了水，恢复了体力，终会有离开的一天。但在旅途中，他们一定会时常想起那借荫乘凉的日子，一定会记住，那是他们在漫漫征途中的又一个家。吹着清新的晚风，远望殷红的夕阳，从紧张的学习中偷溜出来，钻进旅人蕉的怀里，珍惜难得的闲暇。休息够了，快步奔向教室，准备回归茫茫题海时，还不忘回头报以感激的微笑，再细看才发现，自己的心里早已栽下了一棵旅人蕉。

我与旅人蕉

旅人蕉，其实曾经我并不知道它的真正姓名，倒是常常戏称它为“大树叶树”。不为别的，只是喜欢在它的荫下乘凉。伴着习习微风，也能不时享受一下学习之外的一丝惬意。

刚入学的时候，不善言辞的我常常孤身一人在校园里游荡，心里想的是能像小说里的主角一样有着这样或那样的奇遇。但除了一位又一位行色匆匆似旅人一般的同学外，就剩那整天伫立不动的植物了。也许就在这一个个步履匆忙的身影中，会有下一个明日之星，与我生活在同一片树荫下。但现在擦肩而过的一面，却没有人在意，更无人留恋。我本不是一个喜欢感伤的人，但坐在旅人蕉下，却总喜欢想这些事。

或许我在旅人蕉下看着过往的行人的时候，旅人蕉也在枝叶间看着我。我在它眼中，是不是也像过往的旅人一样漂泊?

我是一个普普通通的人，像广袤大海中的一滴海水，或是湛蓝天空中的一抹云彩，但世界每个角落其实都有这样普通的人。因为普通，所以默默无闻，但是我怕，怕被别人遗忘。整个校园里，或许只有旅人蕉注意到了我。它看到了我的怯懦，看到了我的渴望，虽然它并未与我说上一句话，但我可能早已将它当作我的知己。我不知道它从前见到过几个人，也不在意它是否听到我的心声，但当我在蕉下时，感觉它好像就在我身旁，笑着听我诉说。

听说它能实现旅人的愿望，于是我在树下祈祷：万古长河，只期勿忘。我将带着它的心，实现这场人间旅行。

旅人蕉，希望我能有一颗旅人的心，去度过高中生活。相信我，我还会与你相会的。

旅人与蕉

南宁三中的很多学子都是从外地慕名而来的，对他们来说，来到三中就是他们的人生旅途的一部分，在这个远离家乡的地方，刻苦求学。无论是谁，在外生活久了，总是会想念家乡，想起亲人，不由得为此而感到惆怅。但三中一直秉承着“真·爱”教育理念，让每个学生感受到有温度的教育，于是乎，三中便在这片美丽的地方种下了旅人蕉，抚慰着在漫漫旅途中的学子的那颗无所寄托的心。许多旅人蕉就在中心广场那站着，不畏风尘地站着，它不曾离开，也不会离开，它会守在那，静静地等着，等着那些思乡学子前来观望，告诉学子们：要像它一样顽强、坚韧、有毅力，畅游浩瀚书海，踏上人生更高处。学子似旅人，旅人亦似学子，清晨的露珠从蕉叶上滚落下来，滴到了学子的头上，他们便也停下了脚步，望着这棵高大的旅人蕉。他们相视一笑，似乎在回望，前方是故事，身后是风尘，远离故乡，却也窃喜，有旅人蕉作伴，倒也畅快。或许学子们在漫漫的人生旅途中，带着某种情感，怀揣着自己的星辰大海，遇到似旅人蕉般的益友，为他们指点方向，照亮前路。人生天地间，忽如远行客。每个人都在不经意间成为旅人，走上了自己的旅途，享受着属于自己的人生，遇见许多像自己一样的旅人，每一个相遇都在定义我们，定义着这条路。这大概就是旅人蕉想告诉旅人的。

· 撰写 / 谢鸣谦　陆万程　周博文　钟翰林

白鹤芋

白鹤芋／学名：*Spathiphyllum lanceifolium*

又名白掌，天南星科白鹤芋属。原产美洲热带地区，由于其具有较高的观赏与净化环境的价值，在世界各地广泛栽培。白鹤芋株高30—40厘米，无茎或茎短小，叶长圆或近披针形，叶片深绿色。春夏开花时，白色或微绿色的花苞大而显著，在绿叶的衬托下亭亭玉立。白鹤芋喜高温高湿，对湿度比较敏感，怕强光暴晒，但若长期接受光照不足，则不易开花，适宜种植在遮阴的环境中，是三中青山校区栽种的阴生植物之一。

不开花时白鹤芋深绿色的叶片亦是优良的教室、办公室盆栽观叶植物，可用水栽培，其可以通过蒸散作用调节室内的温度和湿度。白鹤芋还是净化环境小能手，对氨气、丙酮、苯和甲醛等物质的清除有一定功效。白鹤芋也有着美好的花语象征——事（学）业有成、一帆风顺，希望三中学子们在白鹤芋的陪伴下生活、学习顺心顺意。

·撰写／林　靖

白掌

鼎立

碧波涌起层层浪，

玉手生香淡淡霏。

万点云帆沧海济，

千舟过处鹭鸥飞。

这是一首有关于白掌的七绝，其中第二句运用比喻，将白掌喻为玉手，而“生香”一词更写出白掌香气宜人的特征。这时或许有读者不禁疑惑，将白掌与云帆、千舟并举有何深意，又为何要这样写呢？这又涉及白掌的别名“一帆风顺”。白掌的花状似翘首的仙鹤而又通体洁白，被人们誉为清白之花，又因其花瓣似船上孤帆，由此得了“一帆风顺”的美称。同时，“一帆风顺”也是白掌的花语。知道了这些就不难理解为何作者会写出此句了。本诗虚实相生，对仗工整，题为白掌而文无白掌，却处处扣题，不失为一首清丽绝句。

· 撰写 / 欧钊辰　绘画 / 赵无为

白掌随笔

白掌给人的第一印象是什么？从外表上看，它是静止的月之舞者。

它的花儿在夏日浓绿色的天堂里轻轻律动，如芭蕾舞者般优雅，不争不抢，或许是它对百花的争奇斗艳并无兴趣，却在无意间收获了游人的目光。阳光淡淡地为它点亮了一层高光，此时此刻，比起人间的芬芳，它更恰似夜幕里皎洁无瑕的月光。

洁白，美丽，优雅，其实它的内心也无垠。白掌，它是一朵并不脆弱的“小白花”。

白掌其实还有一个“孪生兄弟”名为红掌。它们同为天南星科，花瓣均仅有一瓣儿，这种独瓣称为佛焰苞。红掌的佛焰苞平展而白掌的卷曲。因它们不同的外在特点，人们便用它们寄托不同的美好祝愿。红掌的花语是一展宏图，白掌的花语是一帆风顺。文人墨客们偏爱红掌的灿烂热烈，但白掌有一种习性令我不禁叹服，那便是白掌能连续三十天处在黑暗中。

请允许我对这种习性做出自己的解读，能耐黑暗，这不正象征了它无惧无畏、吃苦耐劳的精神？

绽放在校园中的白掌，如何才能寻到你的踪迹？

提笔时霜降已过，白掌早已换下洁白的礼裙，与绿得浓郁的叶从睡在一起，微绿色的花瓣如同小薄毯，即将与它度过接下来渐冷的金秋与凛冽的冬季。回想春夏之际，白掌开在校园深处的生态园中，一瓣纯洁的白开得多么可爱，花中的佛焰苞淡黄，大而显著，为它增添几分精致。

初到三中时还不识校园一隅这开花时傲然挺立的植株，斗转星移后才辨出新生态园中那过了花期却仍美好恬静的白掌。

自此，我对白掌的印象便停留于它的淡雅洁白。然而，一日翻阅书刊，竟偶然发现白掌还有一个品种，有着与花朵极不相称的名字——绿巨人。绿巨人又称大叶白掌，花朵与叶片相较白掌来说更大一些，叶片也更肥厚光亮。但与白掌相比较起来，绿巨人便输了几分秀丽，也因植株可高一米多，开花较为困难，因此也就不如白掌适合在校园中作为观赏植物栽种。

不同品种的白掌有不同的特点，当我凝望着校园中的白掌时，既看见了它与其他品种间的联系，也想起了它和不同品种间的差异。正如人无完人，“花无完花”，如果有人更欣赏白掌的素美典雅，那么就应该有人更热爱绿巨人的热情高大。它们有着相近的花期，却以不同的姿态绽放，盛大地生长也好，端庄地昂首也罢，都展现出青春风采之美，富于生机，蕴藏着巨大的力量。

叶片黄落，秋风瑟瑟，白掌早已歇息。而我心中已然与它有个约定，待到春光明媚时，我在三中生态园等你。

寻寻觅觅，在校园中找到了那清新优雅的白掌，被手掌似的绿叶簇拥着的花朵，形状酷似帆船，又似鹤翘首，小小的花儿仿佛释放出无穷的能量，驱散了笼罩在我心上的烟云。愁绪烟消云散后，思绪随着芬芳回到了校园生活中，脑海中清晰地浮现出那个熟悉的身影——我们的班主任刘芳老师。

虽然我们入学仅两个多月，但在与班主任刘芳老师的相处过程中，很容易感受到她非凡的人格魅力。

刘芳老师教学能力突出，多年担任特训班班主任，带出众多优秀学子。能够成为刘芳老师的学生，我无比荣幸。在课堂上，她循循善诱，毫无保留地将知识传授给我们，耐心地为我们答疑解惑，在我们语文学科学习的道路上指引方向，扫除障碍。生活中，她温柔体贴，关心每一位学生的感受，尊重每一位学生的合理想法，每一次低声谈话的过程中都能感受到她的柔情似水。

这样的她，像那自信美丽的白掌，无时无刻不展现出优雅、友好和热情，用实际行动诠释着三中“真·爱”教育的内涵，在我们成长道路留下沁人心脾的芬芳。

白掌的花语是事业有成，一帆风顺。

白掌的佛焰苞像展翅高飞的白鹤的翅膀，这正寓意着展翅高飞后的事业有成，因此事业有成是白掌的花语之一。

南宁三中2007届优秀校友张章煌在老师们的共同栽培下努力追梦，毕业后从事消防工作，担任广西壮族自治区南宁市消防救援支队特勤大队一站站长，被授予一级指挥员消防救援衔。2020年11月6日，他被应急管理部评为第五届全国119消防先进个人；2022年9月，被授予第21届“全国青年岗位能手”称号。这些荣誉并不是凭空而来，他参与多次救援，不怕牺牲，在大火中总是冲锋在前，挽救了许多的生命。

张章煌在自己的岗位上兢兢业业，他曾说过：“在自己的领域中创造更多的价值，是我坚守岗位的意义。”他在自己的领域中刻苦钻研探索，结合理论知识，取得了一次次的创新突破。他认为：“只有纯粹才能专注，我喜欢这种挑战的感觉，突破的瞬间是喜悦，更是无比的振奋。”张章煌不辜负他的职业，在自己所在的岗位上创造价值。职业也不辜负他，让他有施展的空间。就是这样敢于挑战、不怕困难的张章煌，体现出白掌事业有成的寓意。

白掌的叶子很大，当它开花的时候，佛焰苞就伸展开来，白色的舟形花瓣，似一叶孤舟行于宽阔的江面，只求一句“一帆风顺”。在这叶浪漫的舟里，平稳游渡一生似乎也是不错的选择，这是人对其一生的愿望。

白者，纯洁也。

掌者，所以覆乾坤也，寓以一帆风顺。

卢进福是南宁高中（南宁三中前身）50 班的杰出校友，生于隆安县那桐镇台湾村（现已更名为浪湾村）。在那个战乱年代，他从小立志刻苦读书，报效祖国。在南宁高中就读的这段时间，他受到了正确积极的教育，走上了奋斗之路。

高中毕业以后，他先是去了中央税校中南分校、广西省立西江文理学院继续读书，而后回到广西省财政厅税务局税政处工作。1952 年 8 月，他被派到广西省物资交流大会任宣传处副处长。在当时，物资交流大会就如同现在的“双 11”购物节，是热闹非凡的大集会，是一场物质与文化生活的盛宴。物资交流大会对促进农副业生产发展、活跃城乡交流有着非常大的作用。卢进福有幸作为当时的记者，记录了这一幅繁荣热闹的景象。

1956 年，他被调到交通银行广西分行工作。1958 年，他下到容县专区工作。在那里工作不足几个月，卢进福又考上了辽宁省沈阳化工学院（今沈阳化工大学）。在当时，广西只有十个人考上，由此可见他的勤奋与天资。毕业后他辗转多地工作，又有一段时间在玉林市桂南畜牧兽医学校担任教师，为祖国培育了许多人才。如今他的子孙后辈也成家立业了。卢进福曾在写给母校的感恩信中说道：“我的一家幸福的得来全靠党的领导、学校老师精心培养、父母的养育。”

事业有成，一帆风顺，是白掌的祝福；不惧黑暗，优雅高洁，是白掌的教诲。绽放在南宁三中校园里的白掌，在无数个春花秋月的更替中默默为三中学子带去美好的祝愿，这艘不大的小白帆船，将继续同南宁三中一起载着无数意气风发的三中学子渡向彼岸。

·撰写/许洛伽　欧钊辰　梁　颖
何羽灵　韦雪锋　王佳莹

酢浆草

酢浆草 / 学名：*Oxalis corniculata*

酢浆草科酢浆草属，全国各地均有分布。同属常见的还有红花酢浆草、黄花酢浆草等，作为绿化草本植物遍布花圃或草坪。此外，酢浆草还是一种重要的药用植物，其茎叶含草酸，全草可以入药，具有解热利尿、消肿散瘀等多种功效。

酢浆草为多年生草本植物，茎细弱，表面有疏柔毛，多分枝。叶基生，茎生叶互生，掌状复叶有3枚小叶，倒心形，偶尔会出现突变的4枚小叶组成的个体，因此得名“幸运草”或“三叶草”。酢浆草广泛地分布在三中青山校区校园各个角落，静静地迎接朝阳，遍历风雨。作为草本植物，酢浆草低矮但生长速度快，且花期长，当小小的花朵悄悄开放，就会形成一抹亮眼的颜色。

·撰写 / 黄子萍

四叶连心

［当代］陈熠明

遍野瑶丹映曙光，灵生酢草送吉祥。

情真叶像清花细，梦幻诗如玉影长。

四叶连心相碧玉，一枝起卉互红芳。

摇风夏令青鸾翠，紫色云绯满地香。

诗人以酢浆草最外在的直观形象及其给人独到的心理体验——“四叶连心”为题，一下子就拉近了酢浆草与读者的心理距离。“瑶丹”的“瑶”字的原意指美玉，或者像玉的漂亮石头。《说文解字》释云：“玉之美者。从玉䍃声。”《诗》曰：“报之以琼瑶。”“丹”字，原意指丹砂，即辰砂，俗称朱砂，是一种矿物。由于朱砂呈朱红色，因此，“丹”字也指这种颜色，象征诚心、忠心、心地赤诚等。诗人把满山遍野的酢浆草比作“瑶丹”，赋予了酢浆草以诚心、忠心、心地赤诚的象征意义。同时，曙光映照着漫山遍野的瑶丹，也营造了一种和煦温暖的气氛。于是，首联第二句就自然而然地赋予了酢浆草以灵性和吉祥。酢浆草能唤起人们感情真挚的心理体悟。它的叶子清澈如绿水，花瓣也比较细，曙光下的酢浆草的影子被拉得很长，给人一种梦幻的感觉。酢浆草“四叶连心”，像一块块碧玉。只要有一株酢浆草开花，一株株酢浆草都竞相绽放，一起比美！在诗人的笔下，酢浆草丛焕发了像人一样互相比美的生机与活力。夏风吹来，摇曳着青翠的酢浆草，像青鸾鸟飞过一样，落英缤纷，紫色的酢浆花铺了一地。

·撰写 / 陈建伟　绘画指导 / 吴双陶

“越努力越幸运”的酢浆草

秋风播撒凉意，雁声牵走流云。等到飞鸟随风衔走夏天的最后一缕气息，酢浆草——这种在生活中随处可见的“幸运草”，也和南宁三中的新生们一起在这片土地里播种希望，等待着他们的盛放。

酢浆草又名“水萝卜”或“三叶草”，几乎在三中校园内的各个角落都有分布。一株株酢浆草，与三中的莘莘学子一起成长。在学习之余，同学们都喜欢来到楼下的植物园里辨认植物，大多数的植物在生活里并不多见，若没有标示牌，恐怕只能惊叹它的美丽而无法了解它。唯有酢浆草，在这充满了陌生来客的花园里显得亲近而友善，每一位三中学子看到它，都能叫出它的名字，像是呼唤多年未见的老友。有些同学还会将酢浆草茎缠在一起，开始“斗草”，更有人将它连根拔起，放进嘴里品尝，只因酢浆草那“水萝卜”的美名。有次老师让同学们写一封信给未来的自己，同时去楼下寻找一些植物，放进写给未来的自己的信里，就有不少同学选择了酢浆草。酢浆草帮助同学们缓解了学习压力，也让他们在课余时间学到了关于植物的知识。

当初入三中的同学们熟悉校园生活后，酢浆草也露出了尖芽。生物课堂上，有一堂课名叫“种群密度调查实验”。实验课是学生们拥抱绿意的机会，他们从楼上奔下，有着少年人独特的欢脱。对实验材料的选择，同学们的首选必是酢浆草。在做好实验的准备，划分好样方后，同学们每看见一片酢浆草，就兴奋地跑过去记录，课堂上充满了欢声笑语。每一位同学都积极地讨论着计算这片区域酢浆草种群密度的方法，力求将这个实验做得完美，也算是不枉酢浆草这位“老朋友”陪伴他们这么久。虽说是略显轻松的实验课，同学们也不曾有丝毫懈怠，他们深知越努力越幸运的道理，一如那微小的酢浆草，知道自己的不足，却也没有抱怨，而是努力吸收有限的养分，让自己得以生长。三中学子正是在潜移默化中培养出了这种永不言弃、奋力拼搏的品质。

酢浆草逐渐成长，同学们也进入了高二的学习生活。高二，是同学们获取新知最密集的学年，繁重的课业压力让同学们喘不过气，有些同学还出现了瓶颈期。这看似再正常不过的现象，却让同学们感到无力和担忧。面对迷茫的同学们，有着丰富经验的老师伸出了援手。虽然陈建伟老师从事教学工作的时间还不长，但他却抱有极大的教学热情，有着许多教学上的奇思妙想。他对待每一个学生都认真负责，当同学们遇见了语文上的难题时，他都耐心地予以解答。课堂上，他引经据典，能通过课文内容举一反三，延伸课外知识，同学们也听得津津有味。他还在会课堂上讲起一些他学生时代的故事，与同学们之间较小的年龄差无形中拉近了师生距离，同学们也会亲切地称他为“建伟哥”。黄老师身为班主任，无微不至地关心同学们的学习和生活。她是一位生物老师，也是同学们心目中和酢浆草最相像的人。黄老师平易近人，对同学们关怀备至，就像校园里的酢浆草，陪伴着每一个学生成长。黄艳老师在学生中也备受欢迎，她来到我们班的时间虽然不长，但她的性格和教学风格让她迅速俘获了学生们的心。教学上，黄艳老师不厌其烦地讲着那些艰深晦涩的知识点，不放弃任何一个学生。南宁三中的同学和老师都为了那光芒万丈的未来而努力奔跑，不禁让人想到那遍地的酢浆草，即使微小，即使只能在阔叶遮蔽下生长，也拼命地吸收有限的阳光雨露。

风卷云舒，白驹过隙，高考近在眼前。同学们无论做好了怎样的准备，还是心有忐忑。每当这个时候，生物组的老师就给同学们送上一份礼物——画在纸上的 tRNA。画这个 tRNA 给同学们，是寄托了老师对同学们的期望，期待着同学们能在高考中获得好运，因为 tRNA 的形状类似酢浆草，酢浆草又有着“幸运”的寓意。同时，tRNA 的中文名叫作转运 RNA，也承载着老师们希望同学们能转运的美好寓意。三中学子们也一定不负老师们的期望，在高考中能超常发挥，为母校争光，像酢浆草一样越努力越幸运。

“一二三，茄子！”高考前的毕业照拍摄，或许是同学们对高中生活最怀念的时刻。每一年的毕业照，都在升旗台前进行拍摄。升旗台后有一大片草坪，草坪上正是盛放的酢浆草，历经风吹雨打，他们终于在毕业季绽放出自己的风华。同学们入学时，这些酢浆草与他们一同探索着这个底蕴深厚的校园；他们毕业时，这些酢浆草也跟着他们一起展现自己最美好的年华。等到同学们离开这个他们生活了三年的校园，酢浆草也又将等待下一次破土而出，届时，也会有新的学生来到这里，代代相传，生生不息。

酢浆草，花黄色，喜向阳。这些向阳生长的酢浆草，就像追着阳光奔跑的三中学子们，为自己的梦想热烈地燃烧着自己的青春。酢浆草还是一种药用植物，全草入药，有清热解毒、消肿散瘀的效用。南宁三中的莘莘学子，如酢浆草一般，不求他人如何夸赞，只求能为国家、为人民奉献出自己的力量。不是每一种花朵的盛开都需要惊蛰后的春雷乍响，酢浆草只需阳光，只待晴日，便可形成一抹亮眼的风景。三中学子也会如此，越努力越幸运，最终在高考的战场上惊艳所有人。

又是一年入学季，当校门开启，同学们带着初识三中的兴奋和激动鱼贯而入。新生的酢浆草也早早等着同学们的到来，等待着他们传递三中温暖而不灭的薪火，将三中的“真·爱”教育传递下去。

·撰写／黎彦伊

黄金间碧竹

黄金间碧竹／学名：*Bambusa vulgaris*

黄金间碧竹也称为青丝金竹，丛生，是禾本科簕竹属龙头竹的一个变种。黄金间碧竹的节间呈黄色或黄绿色，具绿色纵条纹包裹，挺拔高挑的姿态在一众植物中显得亭亭玉立。在节间的秆箨是识别竹种的重要部位，黄金间碧竹秆箨的箨鞘在新鲜时为绿色而具宽窄不等的黄色纵条纹，箨耳发达，边缘有淡棕色曲折毛。

黄金间碧竹竹竿可作灯柱、笔筒等用；嫩叶药用，且色彩鲜艳夺目，具有较高的观赏性，为著名的观竿竹种。黄金间碧竹原产印度，我国广东、广西、台湾、福建、海南等地有栽培，耐寒性稍弱，喜高温高湿，容易繁殖。三中校园的黄金间碧竹主要种植在国学园与教学楼之间的校道边，是校园中一道亮丽的风景线。

·撰写／韦美伶

竹石

〔清〕郑燮

咬定青山不放松，立根原在破岩中。

千磨万击还坚劲，任尔东西南北风。

它在巍峨青山上，灰土残岩中，任凭狂风撕扯不摧脊骨，是诗人郑燮坚定正直、刚毅顽强品格的缩影。“咬定”一词将竹拟人化，勾勒出竹子紧咬青山，唯恐枯偃的模样。第二句中的“破岩”一词描绘出了竹子的根扎在裂石罅隙里仍不屈枝节的正直坚强。第三、第四句写竹挺立于狂风吞噬、霜雪肆虐中，朝有火伞高张，暮间冷霜攀枝，寒峭砭骨的“千磨万击”下，已不惧任何苦难，任凭四面风声呼啸都抹不去它那坚贞不屈的清影。全诗运用正侧面描写相结合的方法，生动形象地描绘出了竹的正直与刚毅，无所畏惧与积极乐观，表现了诗人对竹子的赞美与歌咏。同时，这首诗也是诗人自己品格与抱负的表现。

·撰写 / 陈雨洁　绘画 / 唐婉舒

走过林荫小道，寻入国学园，看到赫然屹立的黄金间碧竹，我侧耳谛听它的声音，与竹相伴的时光一瞬间涌上心头。竹的一生坚忍不屈，与清风君子为伴，与高山流水为友，焕发出无限的潜力与生机。

每当一年之始春天来临，竹笋在地下吸收养分，积蓄力量，等待破土的那一日。强风呼呼大作，一道凌厉的闪电飞梭乌云间，伴随一刹那震耳欲聋的雷声刺破夜空，倾盆大雨汹涌而下。眼见万物畏缩，风雨变本加厉地拍打地面。无人问津的某处，竹笋顶破层层厚土，挤开块块沙石，崭露头角。它不惧狂风暴雨，接受春雨的洗礼，之后更为滋润饱满。新露的竹笋沐浴春风，享受和煦阳光，抽出嫩绿的枝叶，节节高升。春风拂地碧草生，百花竞放争奇艳。它们争相吐露艳色，招蜂引蝶，苦恼着如何能在一片姹紫嫣红中脱颖而出，而竹却独自清闲，拥有着一抹新绿的它为这春赋予了清新的色彩。

仲夏之夜，微风拂过竹林间，竹叶便奏起乐曲。一轮明月高挂枝头，溪流清澈蜿蜒，泥蛙在石泉间跳动。听那潺潺流水鸣，沙沙竹叶响。无名隐士在这里搭建茅屋，他乘着月明风起之兴，提一盏灯，追随星星点点的萤火虫踏入林间。他穿过木板桥，桥下流水淌去，粼粼波光泛起。他踏入竹林，脚下清脆之音接连响起。他兴致更起，直抵林间凉亭，步履轻快如风，青袖翻涌如云。隐士捻起一片竹叶在指间摩挲，又将它送与清风。一支素笛抵在唇边，便流出悠扬婉转的旋律，献给与他相伴的竹，与他相望的月。清风将这笛声同流水蝉鸣相融，捎给林间万物，这夜便苏醒了，在与世隔绝的角落跃起自然的舞蹈。

秋冬之时，霜结高枝，雪覆千里，大地上一片白茫茫的景象。花草凋零，或是被泥土掩埋，或是被大雪覆盖，都失了昔日的无限风光。却看那竹，不骄不败，纵使白雪压枝，也不折低半点身姿；纵使身上显露斑驳痕迹，也不屈膝示弱。它身披银白衣裳，与那枝头凛然绽开的梅、那高山孤傲的松相映相衬，以坚挺之躯向世人宣示何为勇气。

这便是我记忆中的竹，而那幽幽竹影笙歌中的他，是另一个我，是我的希冀，我的追求，我最虔诚的祈祷。竹，是我的另一个影子，因为在那张古朴泛幽香的半生白宣上，我赋予它新生。在那里，每一根竹子节节长度不同，每一根竹子都有自己跳动的脉搏，那，是我们初识的地方。

记得年幼时，老师轻轻握着我的手，领着我，在宣纸上落笔。笔尖按下，稍微调锋，感受着笔腹与纸摩擦的触感，而后慢慢收笔，我懵懂地看着纸上那墨色竹竿。老师松开了手，轮到我自己练习。那时我只视其为一场仿形的游戏，用歪扭的墨线勾出那轮廓，往里边涂色，兴致勃勃，一丝不苟地涂满一个又一个如积木堆积的小格子，涂个七八分像。再瞧瞧画纸上狼狈染开的点点墨迹，我得意地宣告胜利。不待我得意久，老师走过来揉揉我的脑袋，语气温柔却击碎我悉心搭建起的积木格子。“竹竿可不能这么画啊，这可不是涂色游戏哦!”她把手放下来，拍拍我的肩，“竹子代表一种君子之风，做人要有志有节。还记得吗？竹子是空心的，象征着虚心、内敛。所以啊，我们画竹，得表现出它的品格来……”

耳边是她的声音，揉在了一团云朵里，落成一条小河，从此在我心谷里流淌。

中学以后，已极少再提笔作画了。手生了，那河还生生不息地流着。走在三中的校园里，经过国学园时，瞧见那丛丛的竹时蓦地勾起惊喜，暖流窜过心头，却说不出缘由。风吹过，竹叶沙沙响，在我心尖上荡起一圈涟漪。再执笔，我手有些颤抖，蘸了墨，笔尖落到铺陈着的生宣纸面上，墨色晕开，反应过来后我急忙转动手腕，换中锋行笔。下手的犹豫，赤裸裸地表现在纸上。忽提忽按，这竹竿就失了刚劲，也因这生手画得弯了。笔尖在墨碟上重新捋捋，藏锋起笔，而后稍转手腕改为中锋，速度稍快，蚕头燕尾。安根，立竿，点节……动作重复却又略有不同。耳边又听见小河淙淙流水声。

于飒爽清风、密密竹叶、和煦暖阳下，黄金间碧竹的身躯格外耀眼，我凝视着它，我也曾抚摸着它，叩问它为何于此的同时，我也常自己细细思量。不过，也无须它贴近我的耳畔告诉我，我想，我早已有了答案。

南宁三中之所以选择将黄金间碧竹种植于国学园，其良苦用心不难度量。“籊籊竹竿，以钓于淇。岂不尔思？远莫致之。”中国的竹文化，在物质层面影响了我们的日常生活，而在精神层面影响了我们的审美观、审美意识以及伦理道德等等。中国竹文化，从追求物质到追求精神，竹子由最初的普通植物慢慢变成了我们生活中所不可缺少的一部分，以及我们中华文化中所不可缺少的一部分。

竹的正直、坚韧、虚怀、质朴、淡泊、豁达等，正是历代文人美好道德情操和高尚人格的化身，更是中华民族优秀品格和精神的写照。

历史上无数文人喜爱咏竹赞竹，他们都乐于以竹自喻，以竹言志，以竹修心，以竹养性，以竹怡情。竹是情人，竹是隐者，竹更是自己的化身。竹的品格高洁不屈，茕茕孑立于漫漫长夜，终其一生都挺直其瘦弱的腰身。南宁三中“敦品力学”的校训正与其相通。校方种植此竹，正希望三中学子们能如此竹，砥砺品德，发奋学习，在经历人生的风雨和坎坷时仍能坚持本心，挺立于时间长河之中，周身浸透绿意，无惧雨雪风霜。只有这样，才能使三中的精神代代相传，让三中的星星之火在全世界焕发生机与光亮。

竹胸怀青山，而我，心有南三。

·撰写 / 陈雨洁　周冬琳　莫荞菲　何思思

芭蕉

芭蕉／学名：*Musa basjoo*

芭蕉科芭蕉属，喜温暖湿润的气候，高度可达4米。芭蕉是多年生大型草本植物，具根状茎和地上茎，地上茎实质是由叶鞘重重包裹而成的假茎。人工培育的芭蕉通常无籽，营养繁殖；肉质浆果，营养丰富，药食兼用；叶巨大，可用作盛器，甚至是造纸和织布的原料。芭蕉植株色泽翠绿，飘逸俊美，是传统园艺造景常用植物，常与假山或与竹等其他树种搭配，蕉竹配植素有“双清”之称。

在传统诗词、乐曲和名画中，芭蕉都是常客，承载着文人墨客寄托喜怒哀乐情思的主题。古人喜爱“蕉叶题诗”的风雅，认为只有心境娴静的人，才能与周围景物融合，真正做到天人合一。芭蕉在美丽的三中校园各处成景，是师长们对三中学子专注学业的一种美好寄托。

·撰写／易志锋

疏影·芭蕉

〔清〕纳兰性德

湘帘卷处，甚离披翠影，绕檐遮住。小立吹裙，常伴春慵，掩映绣床金缕。芳心一束浑难展，清泪裹、隔年愁聚。更夜深细听，空阶雨滴，梦回无据。

正是秋来寂寞，偏声声点点，助人离绪。𫌀被初寒，宿酒全醒，搅碎乱蛩双杵。西风落尽庭梧叶，还剩得、绿阴如许。想玉人，和露折来，曾写断肠句。

纳兰性德的词多富于意境，有着独特的个性，这首词也不例外。本词似咏物，实怀人，以芭蕉寄托词人的离愁。词之上片侧重写芭蕉的形貌，不写自己的愁绪，却写芭蕉的愁绪，巧妙地运用了芭蕉这一意象。先描绘帘外摇动的翠影遮檐，又转写其掩映帘内之人和物，而后再写芭蕉之“芳心”裹泪，暗喻人心之“愁聚”，最后以空阶夜雨，梦回无眠烘衬愁情。下片则直抒胸臆，侧重写怀人之思。过片承上片结处而来，写雨打芭蕉，声声铸怨，接以虫鸣杵捣之声，更托出离愁别恨，表达词人对故人的怀念，最后同样以芭蕉结尾——梧叶落尽，芭蕉依旧，故人却已不在，离愁之意尽显。借叶题诗，以寄相思，抒离愁之旨。全篇曲折跌宕，婉约细密。

芭蕉蕴含着和而不同、兼容并蓄的精神，它始终以自己独特的美缓缓诉说着诗人之思。它既可寄哀伤之愁苦，亦可带着自在的闲情，它见证了岭南植物逐渐成为诗词中的不可或缺的意象，它见证了南北文化的交融。

“扶疏似树，质则非木。高舒垂荫，异秀延瞩。厥实惟甘，味之无足。”芭蕉，这种来自南方的植物，随着历史的发展，随着历代文人的吟咏积淀，从而成为具有丰富意蕴的文化符号，亦作三中草木象征之一。

·撰写 / 宾婧妃　张逸涵　绘画 / 邓雅匀

芭蕉·真爱

在南宁三中（简称南三）校园内漫步，几乎随处可见一两尾芭蕉叶如同舞者青绿的冶袖，在微风中摇曳。这是南三的一道风景。

一、芭蕉——潇洒之于南三

它根枝豪迈，茎并不打眼，生长在这样一棵粗犷的茎上，延展开的叶却碧绿玲珑。

夏季的阳光洒在蕉叶上，或明或暗，勾勒出金边。那棕褐的茎也被投上阴影，极具层次感。曲线优美的蕉叶轻微晃动，“潇洒绿衣长”，仿佛能笼住一整个夏天的风。从教室的窗外就能看见它，只一眼，满心便被这样的绿，这样的芭蕉填满。

古人笔下的芭蕉，多是那样惆怅哀怨，“月明已在芭蕉上，犹有残檐点滴声”。而作为一名南三学子，我眼中的芭蕉却是潇洒的，它可高大可亭亭，像木兰，既可“关山度若飞”，亦可“对镜帖花黄”。

南宁三中教师吴冬青，她的名字“冬青”二字淡雅高洁，而其本人的教学风格却以豁达坚毅著称。她在地理课上高谈祖国与世界，开阔学生们的眼界，增强学生们的责任感，让学生们树立报效祖国的责任意识。“冬青翠翠似雅兰，性格刚毅不畏寒。”吴冬青老师正如南三芭蕉，艳丽而挺拔，是南三那独特的一抹绿。芭蕉的嫩绿有假茎的支撑，潇洒背后是底气。杨万里《芭蕉三首》中言：“潇潇洒洒复婷婷，一半风流一半清。”缓步行至那棵芭蕉树下，夏风吹过，宽大的蕉叶轻轻律动，绿意如碧波荡漾，在树叶沙沙的响声里，在树影与光斑的交错变换中，我轻轻翕动鼻翼，嗅那沁人的芭蕉清香。潇洒芭蕉，不谄不卑，那样独特而自由地生长，是南三草木中的独特一景，鼓励着南三学子践行“敦品力学”的校训，在学业上踏实认真，培养正直的品格。

二、芭蕉——繁荣之于南三

芭蕉树，其叶宽长，其果繁多，素来象征繁荣昌盛。在芭蕉叶的碧绿中，南宁三中生生不息、欣欣向荣。

顾往昔岁月，“文革”十年间南宁三中教学秩序被打乱，学制缩短，免试招生，开卷考试，学校工作脱离正轨。愁云淡淡，冷雨潇潇，寒风飒飒，芭蕉叶残，满地憔悴。直到打倒“四人帮”，党中央拨乱反正，学校工作才重新迈上正途。雨打芭蕉，翠叶垂首，轻轻掀起一片叶，那尚未成熟的果实安安稳稳置于叶的怀抱中，即使枝残叶败，也要护住果实，留一脉相传，生生不息……

党的十一届三中全会，党中央做出改革开放的历史性决策，重视教育，以更好地满足人民对更高质量、更公平的教育的需求。南宁三中积极落实党中央的决策，秉持“敦品力学”的校训，营造浓厚的学习氛围，推进“真·爱”教育，关注学生心理健康，让学生在提高成绩的同时享受丰富多彩的校园生活。

天朗气清，惠风和畅，芭蕉叶莹润青翠，焕发青春的气息。芭蕉岁岁年年生碧叶，三中年年岁岁创辉煌，这一切都离不开师生们的共同努力。“江山代有才人出，各领风骚数百年。”南宁三中人才济济，不仅高考成绩不断创新高，而且在文娱、体育等方面的成就也令人瞩目。未来，在芭蕉枝繁叶茂中，南宁三中必会更加繁荣兴盛!

三、芭蕉——师德之于南三

芭蕉无真实的树干，树干实为假茎，是由多片叶鞘互相重叠而成的中空茎柱，这正象征着三中人的团结一心和超强的凝聚力。它引领三中的学子们了解更广阔的世界，把目光投向更长远的未来。而在芭蕉树下，焦黄而枯烂的残叶毫不吝啬地化作芭蕉生长最适合的肥料，“落红不是无情物，化作春泥更护花”，这种舍己为人的品质怎能不让人肃然起敬?

冯宗异先生曾在“文革”结束后任南宁三中校长。面对脱离正轨的学校工作，冯宗异先生组织修建学校围墙，为学校建章立制，营造一个良好的教学环境。他关心学校教学工作，与老师交流工作经验，探讨教学方法，提出“教育要面向全体学生”“环境育人”等理念。

洪中信校长以“奉献、求真、创造”为教育真谛。他担任校长后，坚持每周上 13 节地理课，并编试题、绘图、刻试卷、讲评，十分忙碌。“校长上课的目的和意义在于带头进行教学改革，提高教学质量。”洪校长曾经说。这样一位尽职尽责、为三中教育事业呕心沥血的校长，所带的文科班自然而然地在高考取得广西第一的成绩。

韦屏山校长作为现任的南宁三中校长，除了在行政工作中不辞劳苦外，还关心着两个初中部的同学和老师的学习生活，为初中部的教育教学出谋划策，将自己的教学经验传授给老师们，他的谆谆教诲闪烁着教育工作者的无私与伟大。偶然间我得知韦校长身体出现不适，但在校园中却仍然经常见到他奔波的身影，每当这时，我心中不由得充满了敬佩和感动：正是一代代三中领导人担当师责，身正为范，三中才能一步步发展起来，才有今天的辉煌成就。

看这芭蕉，茎的上部数层蕉叶相叠，似卷似舒，绿意盎然。有风吹来，数片叶子迎风轻摇，如一尘不染的翠袖在空中起舞。可那生机之下，枯落的老叶仍有残柄与树相连，垂向地面。在三中过往的岁月里，许多位像老校长这样的教育工作者，他们在三中发展受到挫折，如芭蕉叶凋敝脱落时，依然用自己的付出，用自己的努力，守护蕉叶内层的茎秆。当三中教育事业蒸蒸日上，如芭蕉树长势向好时，他们以自己的心血，以“桃熟流丹，李熟枝残”的奉献精神让三中的文化、三中“真·爱”教育理念汲取养分，不断发展。芭蕉成为学校教师们无私奉献的精神的最好象征。老师是技艺卓绝的工匠，塑造的是人格与灵魂；老师是辛勤的园丁，将自己的毕生所学都无私传授，培育的是人类的新生代。他们，在不停地为传播知识而忙碌着，然而自己却在时间流逝中从青丝变白发。这种无私的精神时时刻刻影响着我们，激励着我们努力学习，将来用自己的努力为社会主义事业做贡献。

阳光倾落在芭蕉叶上，缓缓流淌。蕉叶莹润焕彩，碧色欲滴，宛若翡翠。三中校内的棵棵芭蕉，润泽着三中学子的心，随三中一并生长，为三中文化提供养料。

·撰写/陶萧伊　陶芷涵　欧阳致远　陈敬韬

黎启睿　黄千益　马世博

·美冠兰·

美冠兰／学名：*Eulophia graminea*

兰科美冠兰属，又称芋兰、沙漠兰花、灯芯绒兰花，全属有250多个原生种，分布于全球热带和亚热带地区，以非洲南部数量最多，是稀有的草原兰花。我国有14种，产于长江以南地区，其中有一些大花种类可供观赏。除用于药材栽培外，也可作花坛、花园、地被植物栽培或作盆栽观赏。美冠兰原生地广泛，从沼泽、森林、沙滩到半沙漠地区都有生长，为阳生植物，喜高温、干爽、光照充足的气候环境，喜酸性土壤，耐干旱，耐瘠薄，不耐荫蔽，忌涝，畏寒冷。多数美冠兰栽培品种生长适温在10℃—32℃范围内，花期4—5月。美冠兰在南宁三中主要分布在五象校区中心广场，是五象校区不可多得的野生兰花品种。

·撰写／刘晓波

咏兰花

〔明〕张羽

能白更兼黄，

无人亦自芳。

寸心原不大，

容得许多香。

兰花，没有牡丹的雍容华贵，却平添了一份淡泊悠远；没有海棠花的缤纷鲜艳，却自有一番洁净馨香。兰花历来被国人看作是“高洁典雅”的象征，被誉为“花中四君子”之一，世人通常以“兰章”喻诗文之美，以“兰交”喻友谊之真。南宁三中五象校区中心广场广布的美冠兰，正是取其美好寓意，寄寓了学校对学子的殷切期盼，希望三中学子在“真·爱”教育之下，不仅有“兰章”之才，更有“君子”之德，“兰交”之真。

兰花中的美冠兰，还是“草坪三宝”之一，与绶草、线柱兰一样，都是草坪上十分常见的、近乎杂草的兰花。尤其是每年12月至来年的4月期间，美冠兰植株大都枯萎，进入旱季休眠，更像是插在地上的枯枝。然而，当我们以为美冠兰花期已过，生命已败之时，它似乎又从沉睡中苏醒，在四五月绽放出绝美的花朵来。美冠兰开花时几乎没有什么叶子，花茎就那么直挺挺地伸展着，在两旁稀稀疏疏地点缀着三五朵小花，花瓣纯白中夹杂着淡淡的紫红色，花香沁人心脾。美冠兰的花期在4—5月份，正是高三的学子即将迎来收获的时节。花儿芬芳，“寸心原不大，容得许多香”，正如同三中学子的美好品德；花儿绽放，“美冠幽涧鹤立群，未亚仙子兰花君”，正如同三中学子的厚积薄发，一飞冲天。

·撰写 / 颜婧颖　绘画 / 周嘉琦

幽香永存

抬笔落下最后一个字，讶然发现指针已指向夜晚十二点半。窗外长街寂寥无人，偶有谁家的车灯晃过，在窗棂上落下斑驳的影子。合上书卷，我似乎又闻到阵阵幽香，带着诗意奔赴而来。

那时，正值春和景明，同学们坐在教室里，心都随着春风在外面野。

“咱们今天讲古诗词。”老师走进来，笑得如春风般和煦。

又讲古诗词啊。我在桌上趴了一小会儿，望着窗外绿茵，侧目发现前桌同我一样。

老师正讲到《李凭箜篌引》的精彩部分：“昆山玉碎凤凰叫，芙蓉泣露香兰笑。”她吟咏着，似乎沉醉在美妙的想象中，顿了顿，她继续解释道：“这句诗的意思是，李凭的箜篌声极具感染力，能让芙蓉落泪，能让香兰开怀欢笑——同学们，你们仔细看过兰吗？”

小唐点了点头，其他人都不停地摇头。

老师说：“走，咱们就去看看这‘香兰笑’。”

同学们雀跃着从座位上弹了起来，一伙人浩浩荡荡地走进了小广场。老师在前面闲庭信步，我们三三两两地跟在后面，踩着欢乐的步子。

一股若有似无的淡淡幽香飘来，如丝如缕，绵延悠长。老师停住了脚步，俯身。我们跟着俯身，果真探访到了一丛兰花，盛放在春光中。

"'香兰笑'——看到了吧?"老师有些得意。

小唐推了推眼镜，举手道:"报告老师，这是美冠兰，不是香兰咧。"

"啊呀呀小唐，你不懂诗家的语言。这香兰指的是幽香的兰花，哪里一定是某个品种呢?"老师道，"多读读，生活中到处都是诗哩!"

同学们饶有兴味地看着，嗅着，感受着。老师便在旁边踱步，吟诵:"婀娜花姿碧叶长，风来难隐谷中香。不因纫取堪为佩，纵使无人亦自芳。"

"啊，老师，您又在诵诗了。"同学们说。

"这可是康熙帝写的咏兰诗呢，还化用了屈原的诗句。"老师摇摇头，"古人可爱兰了。苏辙曾作'知有清芬能解秽'，王维亦有诗句'意苏瘴雾余，气压初寒外'，意思是盛开的兰花意气风发，能够排除瘴气云雾，甚至在气势上压倒凛冽的寒风。"

众人听闻深呼吸，又端详了一会儿那一丛兰，更多的同学已迈开步子，开始循香觅花，寻找专属于自己的那一株美冠兰。

说来奇怪，自那天起，我们在教室中也时常闻到若有似无的幽香，丝丝缕缕，沁人心脾。问老师，老师却道，这香味本就有，只是我们忽而上了心。正如诗意，只要用心，处处都在。

五一假期刚过，三中校园已是鸟语花香，百草葳蕤。空气中夹杂着一丝风铃花的清甜、一抹紫藤花的淡雅、几缕无忧花的清冷，微风吹拂，还有一股独特的幽香层层弥漫开来。

坐在教室窗边的我，鼻子似乎格外地灵敏——兰香浓郁，今日尤甚。我嗅着，仿佛眼前就有一株绽放的兰草。

我看向窗外，眼前的兰草随风摇曳，凝着的露珠顺着嫩叶滑落，青翠欲滴。

我揉了揉眼睛。“教室外面有一兜兰草!”我欣喜地叫。

讨论的、打盹的同学都跑了出去，老师也暂停了课间解答。大家纷纷围在花架旁——那儿多了一盆美冠兰，还带着早晨的露珠，慵懒地打着哈欠。

“同学们，我们今天学的《论语》提到‘素以为绚兮’，便是如此了。”老师说。

“什么嘛，老师，这叫眉不染而绿，唇不点而红。”魏子打趣道。

“你还不如说‘清水出芙蓉，天然去雕饰’呢。”子遥笑。

小唐忙摇头：“不对不对，这是形容荷花的。”

“啊呀小唐!”众人喝止道，“讲点儿诗意嘛!”

大家便聚在一起，认真观察那株兰花。植株较先前我们在校园中看到的略大，高高瘦瘦的枝干点缀着几枝纯白色的花朵，花儿似灯芯高挑澄亮，花蕊又像覆盖着一层细密的绒毛，清丽的面容平添了几分娇俏。

“看大家诗兴盎然，咱们来个飞花令吧。”魏子提议。

“你这想法不错！就行这个‘兰’字。”清茗笑道，“我先来抛砖引玉：兰叶春葳蕤，桂华秋皎洁。”

“沅有芷兮澧有兰，思公子兮未敢言。”

“兰之猗猗，扬扬其香。不采而佩，于兰何伤。”

“我爱幽兰异众芳，不将颜色媚春阳。”

……

老师亦在一旁点评着：

“课外积累蛮丰富的。”

“熟练地调用课本知识，真不错。”

“唱和孔夫子呢，厉害！”

……

欢笑声萦绕在兰草的身旁，它颤了颤叶子，划出优美的弧线。课间也有同学在打盹，编织着清甜的梦——我疑心那梦里也沁着兰香。

葳蕤六月，盛夏将至，一如同学们无尽的活力，似火燎原。校道上，三五只鸦雀旁若无人地踱步，树底下，松鼠时不时地拖着大尾巴一闪而过。思源亭下，则聚集着一群热情澎湃的同学。

“咱们以兰会友，兰花诗社正式成立!”班长铿锵的声音落地，掌声涌起，惊飞了几只蚱蜢。

“我们不仅要读诗、品诗，还要写诗，借诗传情达意，借一颗诗心，去领略生活的诗和远方。”老师语重心长地说。大家频频点头，跃跃欲试。

“我们小组作了这首诗来庆贺联考大捷。”翔子笑道。

小唐早已迫不及待地抢过去，朗诵起来：

喜闻联考大捷

三中翔子夺桂冠，金夏联考多俊才。

邕城万里龙湖震，青山脚下俱开颜。

兰蕊含苞待盛放，葵花摇曳向天拔。

待到来年六月八，我花开尽百花杀!

“果然是眼中有风景，胸中有丘壑！尽显三中王者霸气!”老师赞不绝口。

“果然是‘文章合为时而著’，我也写了一首感怀诗。”燕子说。

大家便细瞧燕子写的诗：

联考不第有感

谁言西风独自凉，痴儿羞见雁塔光。

满纸荒唐空自许，句句斟酌枉断肠。

雨打芭蕉犹展叶，春来白兰始传香。

唯将沧浪濯素履，莫负人间岁月长。

“果然是好诗！就凭这份才情，文科魁首，非你莫属！”小唐肯定地说，众人齐声附和。

“大家一起努力！”燕子会心一笑，内心残存的那点阴霾，早已消失殆尽。

“我瞧你们呀，个个‘俱怀逸兴壮思飞，欲上青天览明月’！”老师笑得眉眼舒展。

“哈哈，正所谓‘物以类聚，人以群分’嘛！”大家笑得一脸坦然。

欢声笑语不断，而兰之魂，诗之韵，似乎早已融进我们的血脉……

星霜荏苒，居诸不息。窗外那盆兰草，便陪着我们一同度过了几个春秋。它的花朵里绽开过师生的欢笑，叶子上亦曾滑落过我们失意时的泪珠。它带着我们少年的满袖意气，随我们辗转过几个教室，却总是被我们摆在相同的位置，沐浴同一片阳光。那一缕幽香亦从曾经的我们身边飘来，飘过时光，飘过成长，飘过我们和老师的岁岁年年。

拨雪寻春，烧灯续昼，几度春来。兰草又抽了新芽，吐露了花苞。我们终究是不断成长着的，正如今年新长出来的枝丫，到底不是去年的那一片。可我们所经历的那些，关乎诗意，关乎生活，关乎热爱诗词的我们和关爱我们的老师，终究会如同旧枝丫、昨日花，在泥土中滋养着我们的根，幽香永存。

· 撰写 / 颜婧颖